U0038278

準媽咪必備的中醫
助孕&
養胎
枕邊書

作者序

逐月養胎輕鬆當媽

無論在哪一個年代或是地區，繁衍後代都是許多家庭最美好的期盼。在古代，人們認為「多子多福」，家庭成員中的女人一生中最為重大的責任，就是生兒育女。現代社會，女人與男人一樣融入日常社會活動中，她們工作，並承擔起許多社會責任。

在社會節奏快速發展的當下，女人面臨懷孕分娩時，除了醫療水準比舊時更加發達之外，受到的心理壓力、社會壓力比那時更加巨大。

我身邊不少女性友人，特別是初次懷孕的朋友，因為疏於照顧自己，缺乏孕期養護知識，在懷孕時狀況頻出，生產時苦不堪言，有的甚至還產下了不健康的孩子。

想要懷孕輕鬆，生產順利，唯有認真學習孕育方面的知識才可以。

中國人向來注重子嗣的傳承，中醫對婦人備孕、待孕、產子早就有諸多深入的研究，許多經典理論世代流傳。

關於女子孕育的知識，在中國古代醫書典籍裏有過很多的介紹，而最為中醫學者所認同並普遍應用的，是始於後漢北齊名醫徐之才的「逐月養胎法」。徐之才的理論得到了包括孫思邈等後世多位醫學名家的認同，並對之做了進一步的研究，其中，以孫思邈的《千金要方》為後世所知。

比起西醫，中醫對孕產的調理，更注重調理體質，消除病源；針對體質進行分類研究，對不同體質施以正確的調理方法。在孕婦的膳食、運動、起居、情志方面皆有有效的闡述，著重「防先於治」與「養重於療」。

本書以中醫名家徐之才的經典理論「逐月養胎法」為基礎，以中醫理論為切入點，對十月懷胎每一個月的養胎關鍵進行逐月講解，包括懷孕的基礎生理知識，孕期的膳食選擇和調理方法，孕期的起居安排之道，適合不同懷孕階段的運動建議等等。

希望對中醫心存信賴和期待的讀者，能夠透過閱讀本書的內容輕鬆度過十月懷胎期，獲得「好孕氣」！

郝俊瑩

Contents 目錄

part 2

懷孕一至三個月的安胎需知

Contents

part 3 懷孕四至六個月的安胎需知

part 4 懷孕七至十個月的安胎需知

part 5 從待產到分娩，身&心齊呵護

part 1

調好體質，選對時機，才有「好孕道」

很多女性都希望自己能輕鬆的懷上健康寶寶，懷孕期間依然能夠神采奕奕、美麗不減。其實，做到這些並不難，要擁有美好的懷孕生活，建議先從以科學的觀念和方法來準備懷孕。

從準備懷孕開始調理體質

從你準備懷孕開始，第一步要做的便是檢查身體，確認本身無內分泌紊亂、排卵障礙、輸卵管阻塞、子宮內膜異位等器質性疾病之後，便可以開始調理體質。

關於體質的研究，早在兩千多年前的《皇帝內經》中就已經有所記載，後來經張仲景、王叔和、孫思邈等諸位醫學家的研究，體質成了中醫學科一個很重要的研究方向。

中醫所說的體質，指的是身體的特質和生命表徵。不同人擁有不同的體質，即便是相同體質的人，處在相同的環境，身體也會表現出不同的特徵。同樣的生活環境，有些人長痘痘，而另一些人卻臉上乾乾淨淨，有些人動不動就長斑、怕冷、生病，而另一些人則一切順心……這些都是人的體質造成的。

很多人去醫院檢查，身體一切正常，卻總是不能懷孕，或懷孕之後也很容易流產，這就是體質的問題了。如果不加以調理就懷孕生子，孩子也會遺傳到媽媽的不良體質。

所以，為了有一個愉快的孕期，也為了讓孩子將來有一個較好的體質，女性準備懷孕時，應該把調理體質放在準備懷孕的日程中。好體質不僅會讓準媽媽輕鬆享受好孕時光，還可以讓胎兒在媽媽體內有一個很好的生存環境。更重要的是，寶寶出生後會遺傳到媽媽的好體質，擁有一個健康的身體。

準備懷孕的女性，體質各不相同，調理也應該根據自己的體質來進行。中醫理論將體質分為九種，平和體質是最理想、最健康的一種，其他的八種體質都是需要調理的。

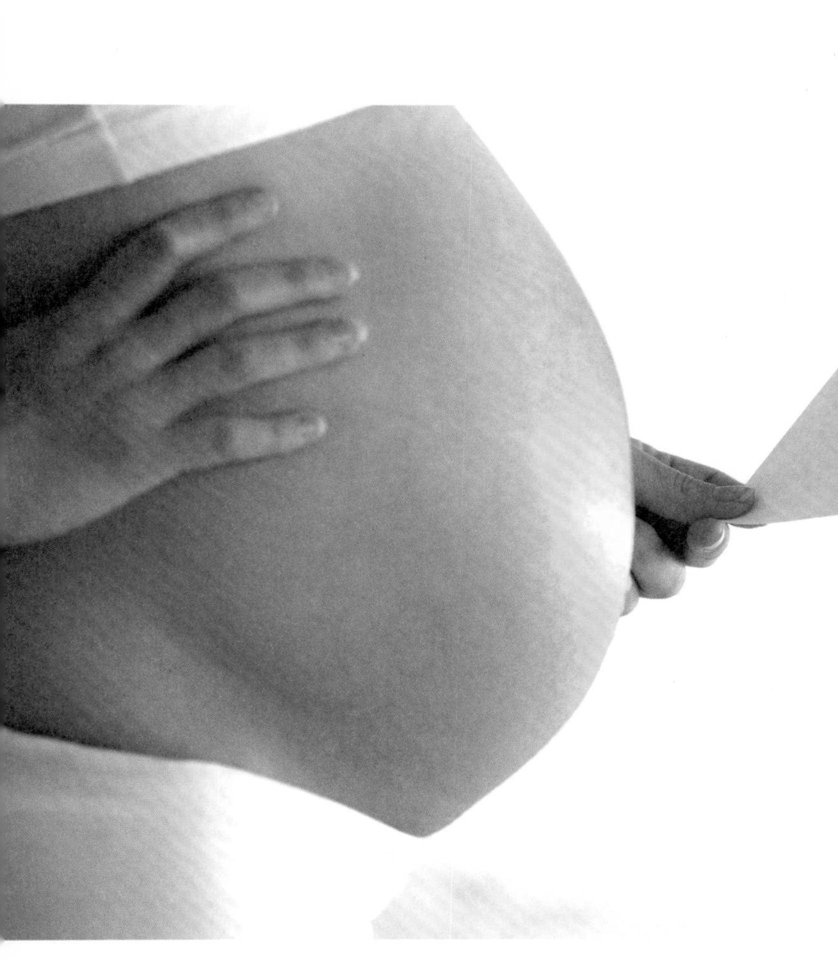

需要調理的八種體質

體質類型	表徵	成因（除天生之外）
陽虛外寒體質	• 性格比較安靜。 • 經痛、月經不調或乳房時常脹痛。 • 經常覺得四肢發涼、腰背發冷。 • 受涼或吃了冷食之後容易腹瀉。 • 很容易感冒。 • 夜尿頻多。 • 性欲不強。 • 經常感覺腰痠背痛。	• 不注意保暖。 • 熬夜。 • 常喝冰鎮冷飲。 • 吃減肥藥。 • 吃太多寒涼類食物。
陰虛內熱體質	• 眼睛乾澀、鼻乾、口乾。 • 皮膚比較粗糙。 • 頭髮乾枯且沒有光澤。 • 容易發火，動不動就會心煩意亂。 • 失眠多夢、夜間盜汗。 • 頭暈眼花。 • 腰膝痠軟。 • 手心、腳心發熱。 • 容易便祕。	• 生病時間過長。 • 縱欲過度。 • 吃太多溫熱香燥的食物。 • 心情過度抑鬱。
氣虛無力體質	• 易出汗。 • 呼吸短促，說話少氣無力。 • 做什麼事都沒有興趣。 • 容易覺得累。 • 體型較瘦或虛胖。 • 月經提前。 • 容易反覆感冒。 • 經常感到頭暈目眩。	• 手淫和縱欲。 • 熬夜。 • 活動太少，不愛運動。 • 喜歡發脾氣。

體質類型	表徵	成因（除天生之外）
痰濕困脾體質	• 身材偏胖，尤其是腹部。 • 嗜睡。 • 口中黏膩。 • 痰比較多。 • 額頭泛油光。	• 居住地濕邪、熱邪較重。 • 熬夜。 • 脾胃曾受過傷。 • 喜食辛辣、甜膩食物。 • 嗜酒。
濕熱內蘊體質	• 臉上容易長痘痘或瘡癤。 • 臉部（尤其是鼻子）油脂分泌旺盛。 • 白帶色黃有異味。 • 口臭。 • 大便黏滯。 • 小便時尿道有發熱感。	• 熬夜。 • 嗜菸酒。 • 肝臟功能不好。 • 長期情緒壓抑。 • 精神過度緊張。 • 滋補不當或過度。
血瘀氣滯體質	• 身上經常會有莫名其妙的淤青。 • 膚色晦暗，臉上長斑。 • 嘴唇發青。 • 舌頭發紫。 • 常有黑眼圈。 • 經痛。 • 兩腮常有血絲。	• 經常鬱悶，情緒不好。 • 經期保暖不到位。 • 經期吃寒涼辛辣食物。
血虛風燥體質	• 皮膚乾燥、無光澤、掉皮屑。 • 渾身發癢。 • 指甲蒼白，很薄。 • 舌體較大，舌尖發紅。 • 易打噴嚏。 • 季節交替時，對某些食物、藥物或花粉過敏。	• 脾胃虛弱，消化功能不好。 • 勞累過度。 • 流產。 • 縱欲過度。 • 經常服用避孕藥。

不同體質的調理方法

體質類型	調理食物	調理藥材	禁忌
陽虛外寒體質	黑豆、芝麻 核桃、栗子 荔枝、薑、韭 菜等溫熱食物	鹿茸、冬蟲夏草、 巴戟、杜仲、仙茅肉桂	忌食冰鎮飲 品、寒涼藥 物和食材。
陰虛內熱體質	木耳、銀耳 絲瓜、蓮子 芝麻、梨 椰子汁等潤 燥滋陰食物	天門冬、麥門冬、 石斛、沙參、百合、 玉竹、雪蛤	忌食燒烤油炸類 食物，少食辛 辣，盡量不吃 韭菜、桂圓、 荔枝、瓜子等 熱性食物。
氣虛無力體質	桂圓、紅棗 糯米、豌豆 小米、南瓜 葡萄、山藥	黃耆、西洋參、 人參、白朮、黃精。	忌食損耗腎氣的 食物，如蕎麥、 柚子、蘿蔔、柑 橘、空心菜等。
痰濕困脾體質	紫菜、荸薺 黃豆、紅豆 薏仁、鳳梨 等利水食物	蒼術、茯苓、白朮、 玉米鬚、車前子	枇杷、紅棗、李 子、柿子、苦瓜 等甜膩寒涼的 食物要少吃。

以上是根據體質準備懷孕的基本事項，建議可根據自身情況進行調理身體。這八種體質之中，又以陽虛外寒體質導致的孕育問題最常見，這和女性平時「愛美不怕流鼻水」的愛漂亮心態有密不可分割的關係。

調理體質，首先要有一個好的生活習慣和好心情，然後適當調整自己的飲食，體質就可以慢慢地調整為平和體質了，體質好了，孕氣自然就好了。

好孕之道——補血養血是王道

中醫認為，女性養血是孕育的基礎。《廣嗣紀要》中說：「求子之方，不可不講。夫男性以精為主，女性以血為主，陽精溢洩而不竭，陰血時下而不愆，陰陽交暢，精血合凝，胚胎結而生育滋矣。不然，陽衰不能下應乎陰，陰虧不能上從乎陽，陰陽抵牾，精血乖離，是以無子。」

夫妻孕育，男性的精氣要旺，女性的血氣要足，兩者皆滿足，陰陽相合，才能孕育出一個健康的孩子。而女性月經時會排出經血，陰血時常遭受損耗。人體內主導氣血生化的是脾胃，脾胃功能正常，則人體氣血尚能正常運轉。

如果女性的脾胃功能不好，脾胃不能正常生化氣血，人體就會出毛病，加上每月的經血流失，就更容易導致血氣不足，主導生殖系統的沖、任二脈不能正常工作，就會影響生育甚至引發不孕。

女性準備懷孕時，首先要看自己的經血是否充足。經血不足之人因為不能獲得足夠的血氣滋潤，經常會表現出臉色無光、視力減退、視物不清、眼睛乾澀、頭暈目眩、失眠多夢、皮膚乾燥發癢等表徵，若女性身體有上述症狀出現，就證明其經血不足，需要補血養血。

Q&A百寶箱

補血&養血注意事項

◆養血先護眼，避免用眼過度

中醫認為，肝藏血，開竅於目，用眼過度會傷及肝臟藏血的功能。若女性本已血虛，再用眼過度，血虛的情況便會加重，眼睛也會經常覺得乾澀、疼痛。

◆養血要健脾，飲食清淡別過飽

吃得多了會損傷脾胃，吃得油膩、口味重也會加重脾胃的負擔。中醫認為，脾主生化，是氣血生化的根本，健脾康則氣血兩生，血虛的問題也就會大大減少。所以，補氣養血，健脾是很關鍵的。

◆健脾養血要運動，飯後就要百步走

除了健康的飲食，飯後適當地活動一下，對脾胃很有益處。孫思邈在《千金要方》說：「平日點心飯訖，即自以熱手摩腹，出門庭行五六十步，消息之。」由此可見，飯後適當運動，並以溫熱雙手擦摩腹部對健脾益血也很有益。

◆好情緒才有好脾胃，拒絕憂愁才有好孕

《黃帝內經》說：「愁憂者，氣閉塞而不行。」憂愁會導致脾氣不通，不能正常生化氣血，經常發愁憂鬱的人，脾就會受傷，慢慢地還會造成氣血兩虛，嚴重者即會影響生育。

補血養血的好食材

紅棗

《神農本草經》說：棗「主心腹邪氣，安中養脾，助十二經，平胃氣，通九竅，補少氣，少津液，身中不足，大驚，四肢重，和百藥。」營養學家也認為紅棗含有大量的鈣質、蛋白質和多種維生素，可以稱為女性恩物，不但具有極高的營養價值，還是很好的補血佳品。

櫻桃

櫻桃可調中益脾氣，美容養顏，止洩精。是一種健脾生血的食物，但多食會傷筋骨、敗血氣。

葡萄

中醫認為，葡萄性平，味甘酸，能補氣血，具有很高的營養價值，是一種老少咸宜的食物，可幫助消化、增強免疫力，對老弱婦孺等需要血氣補充的人有很好的滋補功效。

桂圓

桂圓即龍眼乾，兩者皆具有補血功效，是古時補血佳品。除此之外，桂圓含有豐富的蛋白質、鐵質和維生素C，還含有一種抗衰老的酶。

黑豆

李時珍在《本草綱目》中說：「常食黑豆，可百病不生。」黑豆含有多種微量元素和維生素，可補腎滋陰、補血明目。對腎虛腰痛、血虛、視物不清等有很好的食療效果。

雞蛋

雞蛋含有豐富的蛋白質、維生素和人體需要的多種胺基酸，具有很高的營養價值。中醫認為，雞蛋性味甘平，可潤燥、養血安胎，適合血虛女性食用。

海帶

中醫稱海帶為昆布，據《東醫寶鑒》中所載，海帶祛痰利尿，改善血液循環。「食以黑為補」，同類的食物還有黑木耳、紫菜等。

胡蘿蔔

中醫認為，胡蘿蔔可健胃行氣消食，亦有補血生氣功效。無論生吃或熟食，準備懷孕女性常吃胡蘿蔔都可以達到很好的補血功效。

牛奶

《壽親養老新書》説牛奶：「最宜人，平補血脈，益心，長肌肉、令人身體健康、面目光悅、志不急。」女性常喝牛奶，不但可以補血，還能滋養身心。

小米

《本草綱目》中說小米：「治反胃熱痢，煮粥食，益丹田，補虛損，開腸胃。」小米含有豐富的鐵質和多種營養素，小米粥有「代參湯」之稱，可滋陰補血，適合血氣不足者食用；同類食物還有白米、糯米、黃米、秈米（印度型稻）等。

補血&養血古藥方

方劑	材料	製法	服用、功效及注意事項
十全大補丸（出自《太平惠民和劑局方》）	熟地黃120公克 當歸120公克 黨參80公克 茯苓80公克 白芍80公克 炙黃耆80公克 炙甘草40公克 川芎40公克 肉桂20公克	將10種藥物研磨成粉末，混合均勻，然後每100公克加入少量水和35至50公克蜂蜜揉製成丸，曬乾即成。	一日3次，每次1丸，以溫開水送服。對五臟失養引起的面白無光、倦怠無力、心悸氣短、頭暈耳鳴、月經不調有顯著的效果，適合氣血兩虛者服用。 （不可和感冒類藥物同時服用。）
加味逍遙丸（出自《太平惠民和劑局方》）	梔子（薑炙）450公克 牡丹皮450公克 當歸300公克 柴胡300公 白芍300公克 白朮（300公克 茯苓300公克 甘草240公克 薄荷60公克	將10種藥物研磨成粉末，混合均勻，加入適量生薑水揉製成丸，曬乾即成。	一日3次，一次6公克，以溫開水送服。可健脾養血，舒肝清熱。對肝鬱血虛，肝脾不和，頭暈乏力，倦怠少食，月經不調等有很好的療效。（一般服藥不可超過一個月經週期，脾胃虛寒者忌服。）

（注：方劑使用要根據自身情況，並諮詢過醫師之後再行服用。）

Q&A百寶箱

喝四物湯能補血嗎？

四物湯是中醫上著名的方劑，東漢醫聖張仲景在《金匱要略》中就提到了一種調經補血的方劑——膠艾四物湯。

最初的四物湯是補血專用的，後來，醫學家們經過研究發現，只要調整四物湯裡的四種藥物分量，四物湯也可以用來治療其他婦科疾病。所以，在醫學家們的實踐和總結下，各有側重的四物湯方劑越來越多，漸漸增加到了近千種，成了中醫學上著名的「婦科第一方」。

補血四物湯的主要成分是當歸、熟地、白芍和川芎四味中藥，此方劑對女性貧血有很好的作用，所以，「補血就喝四物湯」的說法是有根據的。

不過，四物湯的子方劑多達數百種，當歸、熟地、白芍和川芎的比例分量不同，也會出現不同的效果。重用熟地、當歸的四物湯可以補血；重用當歸、川芎的四物湯則可以治療閉經或月經量少；少用當歸、川芎的四物湯可以保胎。

所以，服用的時候還是要遵從醫囑，並根據自己的情況。普通補血用的四物湯製法如下：

◆將當歸、熟地、白芍和川芎各十五公克放入煎藥器皿中。

◆加白酒三十毫升，然後倒入一千毫升水，煎至約二百五十毫升即可倒出飲用。

如果想要口感好一些，還可以放些紅棗、枸杞或紅糖，月經結束後第一天開始飲用，每天一次，連飲三天即可。

飲用四物湯要注意，一定不可以在經期飲用，否則可能會引起月經過多而導致貧血。

牛奶麥粥

功效

補虛養血，安神養心。

材料

麥片50公克、牛奶200公克、白糖2小匙、鹽少量

作法

1.麥片放入水中浸泡1小時。

2.鍋中放入全麥片，加入牛奶，開小火將麥片煮十分熟。

3.加入白糖及鹽提味，即可起鍋食用。

麥門冬湯

功效

祛熱生血，潤肺滋陰。

材料

麥門冬100公克、烏梅100公克

作法

1.麥門冬洗淨，去芯焙乾。

2.烏梅去核、切碎，放入燒熱的乾鍋中炒一下。

3.將麥門冬和烏梅研成末，混合均勻，儲藏在陰涼乾燥處。每次取10公克，以沖泡熱水即可。

荔枝粥

功效

健脾，補血。

材料

乾荔枝肉100公克、白米250公克、山藥20公克、蓮子20公克

作法

1.荔枝肉放入鍋中，加入兩碗水小火燉煮。

2.山藥切碎，蓮子去掉皮和苦芯，放入鍋中，加1000毫克水同煮。

3.待荔枝肉爛熟之時，放入白米同煮，煮至白米軟爛即可。

● TIPS

女性孕育，一定要以科學方法補血養血，養成良好的生活習慣，改善飲食，把脾胃養好，血氣足了，生育能力才會強，也才能孕育出健康的寶寶。

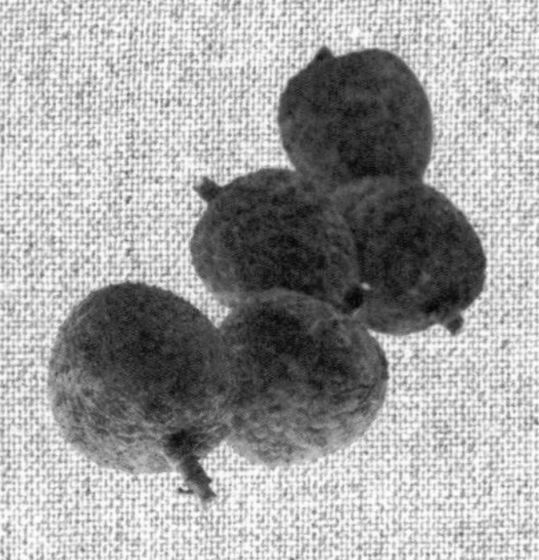

孕育不簡單，補足腎氣是關鍵

中醫典籍中，關於腎對生育的重要作用闡述甚多，《素問》中說：「腎者主蟄，封藏之本，精之處也。」腎為精氣封藏之所，它的存在可以讓精氣在人體內正常運轉而不至於隨意流失，如此，人體的生育功能才能得以維持。

腎中所封藏的精氣有兩種，一種是與生俱來的父母之精，另一種來自於人體後天所接納的五穀食糧凝聚而成的後天之精。人體的精氣是否充沛，除了先天因素之外，還要靠飲食和腎臟功能的健全。

如果腎臟功能不好，便不能封藏精氣，即便是再好的先天條件和後天的調養，依然可能會導致精氣不足，進而造成孕育障礙。

《素問》中說：「女性二七天癸至，任脈通，太沖脈盛，生理期以時下，故有子；七七，任脈虛，太沖脈衰少，天癸竭，地道不通，故形壞而無子也。丈夫二八腎氣盛，天癸至，精氣溢洩，陰陽和，故能有子；七八天癸竭，精少，腎臟衰，形體皆極。」

女性從十四歲月經初潮到四十九歲絕經，男性從十六歲腎氣充沛到五十六歲腎臟走向衰竭，這幾十年的時間裡腎臟功能比較強，可以完成孕育，在這個過程中，腎臟之中的精氣無疑發揮了重要的作用。所以，懷孕之前，一定不能忽視對腎臟的調理。

腎虛者可能發生的身體症狀

腎作為封藏精氣之所，無論男女，都要腎功能夠強，精氣要足，才可以受孕，孕育聰慧的下一代。腎虛的表現主要有以下幾點：

- 注意力不能集中，記憶力減退或下降，工作效率低下，精力不足。
- 做事缺少熱情，沒有信心。
- 情緒波動大，煩躁易怒，體乏嗜睡，頭暈目眩。
- 腰膝痠軟，骨關節疼痛。
- 鬚髮早白，牙齒容易鬆動脫落。

男性還可能表現出性功能不強，性欲低下，陽萎早洩，夜尿頻多。女性則表現出皮膚瘙癢、口乾舌燥、月經不調、閉經、便祕、不孕、性欲低下，或子宮發育不良。

補腎是男女雙方都要進行的準備懷孕工作。但是，即便出現腎虛的症狀，也不必太過緊張，腎虛並不是一種嚴重的疾病，只要注意運動飲食和規律作息，是完全可以調整過來的。

調整作息&適當運動可補腎

護腎必先節欲，避免房事過度

造成腎虛的原因是房事過多或腎勞累過度，所以，節制性事無疑是一個關鍵因素，無論中醫還是西醫，都建議房事不可過度。

關於這個「度」，孫思邈在他的《千金方》中有所論述。他說：「二十者，四日一洩；三十者，八日一洩；四十者，十六日一洩；五十者，三十日一洩；六十者，閉精勿洩；若體力強壯者，一月一洩。」

人的生理功能是隨著年歲漸長而日漸消退的，所以，人行房的次數也應該隨著年齡的增加而漸漸減少。中醫尤其建議那些年紀比較大的人，節欲會有助於長壽。準備懷孕時期，更要節欲，以保證腎氣充足。

好情緒才有好脾胃，少煩惱才會有好孕

夫妻雙方在準備懷孕的時候，都要盡量保持好情緒，不要隨便生氣動怒，尤其是男性，壞情緒所積累的毒素最終會經由腎臟排泄出去，毒素越多，腎臟負擔越重，如

果準備懷孕的夫妻有高血壓，那後果可能會更嚴重。

另外，準備懷孕的時候盡量不要再使用鏈黴素、四環素等會造成腎臟受損的藥物，以免影響腎臟功能，也避免對下一代產生不良影響。

作息正常，規律運動很重要

睡眠充足才能生化氣血、保養腎經，臨床上很多腎功能衰竭的患者都有習慣熬夜、疲勞過度的經歷，而體力損耗過度，必然會損傷氣血。

準備懷孕的夫妻都要盡可能地保持規律作息，每天晚上九點之後就要放鬆休息，更不要久坐，久坐傷腎，抵抗力變差，稍有不慎便很容易生病，而生病又會進一步損傷身體，最終導致身體機能的快速衰退。

所以，每工作一段時間，就要起來運動一下，簡單活動一下四肢或做做太極運動都可以，如果時間充足，還可以多散步、慢跑、游泳、打網球，如果樓層不是太高，盡可能不搭乘電梯。

多曬太陽多泡腳，避免腳部寒冷

太陽是自然界中最大的陽氣來源，常曬太陽可補充身體內的陽氣，增強身體抵抗

力。腎經起於足底，所以腳一定不能冷，冬天的時候多以熱水泡腳，洗腳的時候按壓腳底的湧泉穴，對補腎健體、增加食欲和促進睡眠也會產生很好的作用。

盡量不吃傷腎食物，不接觸太多的洗滌用品

苦瓜、啤酒等都屬於寒涼食物不適合腎虛者食用，洗滌用品中含有傷腎的化學成分，盡量少接觸。

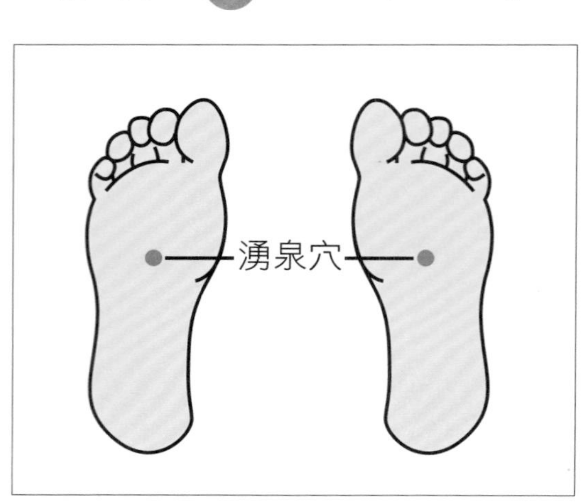

part 1

調好體質，選對時機，才有「好孕道」。

飲食補腎，有些食物要常吃

桑椹

《滇南本草》中說：「桑椹益腎臟而固精，久服黑髮明目。」桑椹性寒，味甘，可滋陰補腎，增強免疫力，適合腎陰不足者食用。但是若有脾虛便溏之症，則不宜食用。

枸杞

《本草通玄》中說：「枸杞，補腎益精，水旺則骨強，而消渴、目昏、腰疼膝痛無不愈矣。」枸杞性平，味甘，可補腎益精，強身健體，延年益壽，是補腎佳品。

蓮子

《神農本草經》中說：「蓮子補中養神，益氣力，除百疾，久服輕身耐老，不饑延年。」蓮子，即中醫處方中的「蓮肉」，具有補脾養心、益腎固肺之效。

韭菜

中醫又稱韭菜為「壯陽草」，春秋戰國時代就已經被用於臨床。韭菜性溫、益陽，可補腎暖腰膝。

豇豆

《本草綱目》中說：「豇豆理中益氣，補腎健胃，生精髓。」豇豆性平，味甘，既可健脾，又可養腎，適合脾虛腎虛者食用。

銀耳

銀耳性平、味甘，可補腎強精、補氣養血。現代營養學也認為，銀耳中富含多種微量元素、維生素，可以補腎益氣，同時防止記憶力衰退和緩解肌肉痠痛，是一種保健佳品。

芝麻

《本草經疏》中說：「芝麻，氣味和平，不寒不熱，補肝腎之佳穀也。」芝麻味甘，性平，可滋補肝腎，尤其對腎虛因其的腰膝痠軟，頭暈耳鳴之症有較好的療效。

小米

《滇南本草》中說：「小米養腎氣。」小米味甘，性平，適合腎虛者食用，常食可補腎強腰膝。

山藥

《本草正》中說：「山藥，能健脾補虛，滋精固腎，治諸虛百損，療五勞七傷。」山藥味甘，性平，可是健脾養肺、益腎填精，適合腎虛之人食用。

黑米

中醫認為，紅色入心，青色入肝、黃色入脾，白色入肺，黑色入腎，常吃黑色食物對人體的腎臟有很大好處。現代營養學認為，黑米中富含蛋白質、胺基酸和多種微量元素，經常使用可固腎補精，健脾養血。類似的食物還有黑豆、黑芝麻、黑棗、黑蕎麥等，但是黑木耳性寒，要慎食。

山藥粥

功效

健脾，固腎。

材料

山藥100公克、白米100公克、白糖1大匙

作法

1.山藥去皮洗淨，切小塊。

2.將1000毫升水倒入鍋中，放入山藥同煮至七分熟，再加入白米同煮。

3.小火煮至成粥，然後放入白糖拌勻，即可盛出食用。

山藥粉粥

功效

補腎固精，健脾止瀉。

材料

山藥粉100公克、白糖少許

作法

1.鍋中放500毫升水，煮至沸騰。

2.將100公克山藥粉加水調製成糊。

3.將山藥粉糊倒入鍋中，同時不停攪拌，煮沸二至三次，根據個人喜好放入適量的糖，即可關火盛出食用。

核桃漿

功效

補腎，壯陽。

材料

核桃仁300公克、白米120公克、紅棗90公克、白糖1大匙

作法

1.核桃仁放入水中浸泡半小時，待外皮鬆脫時剝去外皮，然後以刀切碎末。

2.將白米洗淨，放入核桃末中，加水繼續浸泡。

3.將紅棗洗淨後蒸熟，去掉外皮和核，將泡好的白米和核桃末一起加500毫升水，以豆漿機打成漿液。

4.將打好的漿液放入鍋中，在即將煮沸時加入白糖，煮至沸騰，在白糖全部融化後，即可盛出食用。

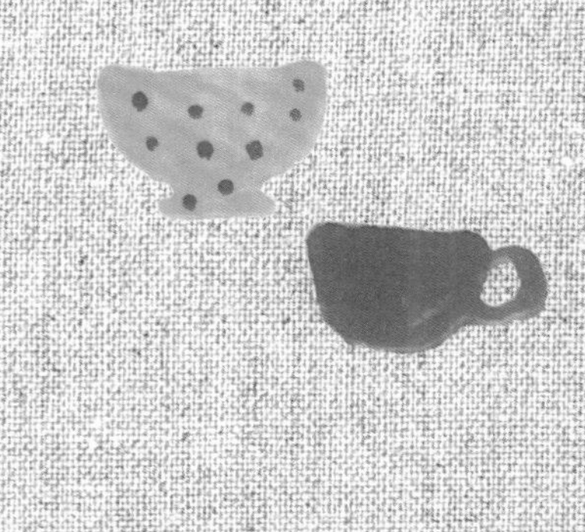

準備懷孕期，男性也該調整體質

孕育下一代，從來都不是女性單方面的事，男性身體質素不好，即便女性條件再出色，也好像乾癟的種子撒到肥沃的田裡一樣，照樣發不出芽，長不出苗。所以，想要孕育下一代，丈夫同樣需要做好身體上的準備。

清代名醫葉天士在《祕本種子金丹》中說：「種子之法，男性必先養精，女性必先養血。夫男主乎施，女主乎受，一施一受，胎孕乃成。」父精母血，孕育孩子，女性要補血養血，而男性，則要保證精氣充足。所以，在準備懷孕時，準爸爸同樣要好好調理身體，以保證孕育出健康聰明的孩子。

養成良好的生活習慣，提高精子品質

現代醫學研究發現，男性精子來源於睾丸，精子在人體內成熟之後，透過射精動作進入女性生殖器官，精子在女性生殖器官內可存活四十八個小時，但是也有極特殊的案例可以存活一週甚至更久。

精子品質的好壞，直接影響著下一代的健康。所以準爸爸在準備懷孕之時，也要調整自己的習慣。

戒菸戒酒，均衡營養

很多男性都有抽菸的習慣，但是吸菸很容易影響精子的生成和發育，產生畸形精子的機率也比較高。吸菸的時間越久、量越大，產出畸形兒的機率就越高。

關於酒，先人曾說：「飲食之類，入之臟腑各有所宜，似不必過為拘執，惟酒為不宜。蓋胎種先天之氣，極宜清楚，極宜充實，而酒性淫熱，非惟亂性，亦且亂精。精為酒亂，則濕熱其半、真精其半耳。精不充實，胎元不固；精多濕熱，則他日痘疹、驚風、脾敗之患，率已基於此矣。故求嗣者必嚴戒之，與其多飲，不如少飲；與其少飲，猶不如不飲，此胎元之大機也。」

現代醫學也認為，嗜酒會抑制精子的生成，導致大部分精子失去活力，並可能造成染色體異常。而精子從生成、發育到成熟，大約為七十四天。所以，男性想生出健康的寶寶，要保證在孕前七十四天斷絕菸酒，以提高精子品質。

均衡的營養也是造精的必要條件，男性若想讓將來的孩子健康聰明，最好保證身體內多種營養均衡，不偏食不挑食，盡可能少吃垃圾食品和太多肉食。

穿透氣衣褲，避免下身溫度過高

男性和女性一樣，下身衣褲一定要透氣性好。因為穿著透氣性差的內褲，可能會

造成陰囊溫度升高；而過高的溫度對精子的存活很不利。所以，男性盡量不要穿著透氣性差的牛仔褲。

此外，經常洗熱水澡也可能會造成下身溫度過高，若洗澡的時間較長，也可能會導致精子存活困難。

性生活適度，避免頻率過低或過高

「今人之無子者，往往勤於色欲。豈知施洩無度，陽精必薄；縱欲適情，真氣乃傷。妄欲得子，其能孕乎？」

男性性生活頻率過高，性事無節制，必然會導致精子後續難以為繼，每次射出的精子量會變少，如此受孕率就會降低。

若有手淫自瀆等習慣，還會讓情況進一步惡化，不但影響生育，還會導致自身的元氣受損，甚至罹患男性疾病。但是，如果長期沒有性生活，也會導致精子品質下降，長期得不到排泄，精子老化程度越來越厲害，若妻子受孕，生出的孩子大多智力、健康會有所欠缺，甚至即便受孕也很容易流產。

避免接觸放射線和化學藥品

很多人都知道，經常從事化學工作的人生出畸形兒的機率較一般人高出許多，其實，做裝修的工人經常處在苯、鉛充斥的化學環境中，很容易讓精子品質受損。

那些在準備懷孕時接受放射線照射的人，生出畸形病變孩子的機率也會大大提高，所以，在準備懷孕前三月或更久之前，就要遠離原先的工作環境，避免接受X光等放射線照射，非必要情況，也盡量不要長時間地接觸手機和電腦。另外，也要禁服神經類和激素類藥物，以免影響精子品質。

放鬆精神，避免高壓力和壞情緒

長時間生活在工作壓力巨大或家庭糾紛較多的環境中，男性會經常覺得累、煩、怒，有可能會造成內分泌系統紊亂，精子的數量和品質都會受到影響。所以，在準備懷孕期，男性要作息規律，避免工作太勞累，讓自己的精神處在放鬆狀態。

常吃養精食物

大多養腎的食物對提高精子品質都是有效的，除了上文中提到的桑椹、枸杞、山藥、核桃等，還可以更有針對性地在生活中多多攝取下面的幾類食物。

芡實

芡實味甘澀，性平，《本草綱目》中說，芡實可「止渴益腎，治小便不禁、遺精、白濁、帶下。」所以，男性如果有滑精、早洩等症，可適量服用芡實。

白菜

白菜，性微寒，味甘，可消渴除煩，通利腸胃，有利於氣血生化，增強腎臟功能。

現代營養學認為，白菜中富含鋅，而鋅對精子代謝和提高精子活力有重要作用。所以，適量食用白菜對提高精子品質是有幫助的。

黑芝麻

黑芝麻對肝腎都有很好的滋補作用，可養血活精、增強體質，適合準備懷孕的男女同食。

南瓜子

南瓜子，性平，味甘，可補腎固精，對預防前列腺炎有良好的效果，但是不宜多吃，否則可能會增加脾胃負擔。

橘子

橘子味甘酸，性涼，入肺、胃經。可理氣和中、生津止渴、化痰止咳，《續世說》中還有「橘子黃，醫者藏」的說法，意為橘子黃的時候，醫生便可以休息了，可見橘子之益處頗多。

現代營養學認為，橘子中富含維生素C，適量食用可提升精子品質。類似的水果還有柚子、柳丁等。

奇異果

奇異果味甘酸，性寒，可調中理氣，去熱解煩。唐代醫藥學家陳藏器認為奇異果有「調中下氣、主骨節風、癱緩不隨、長年白髮」之功。

現代營養學認為，奇異果富含維生素C，補充維生素C可增加精子的數量和提高活躍度，適合準備懷孕期的男性食用。

【養精食療方】

黑芝麻粥

功效

補肝，益腎。

材料

黑芝麻25公克、白米100公克

作法

1、白米淘洗乾淨，入鍋加入500毫升水。

2、將黑芝麻倒入鍋中，大火煮開後，小火煮至熟透，即可盛出食用。

芡實茯苓粥

功效

補腎養精，緩解房事過度所引起的精虧體弱。

材料

芡實30公克、茯苓20公克、白米100公克

作法

1.芡實、茯苓分別洗淨搗碎，入鍋加入500毫升水，煮至爛熟。

2.白米淘洗乾淨，加入鍋中同煮，直至成粥，即可盛出食用。

番茄炒蛋

功效

提高精液品質，預防前列腺肥大。

材料

番茄2個、雞蛋5顆、鹽2公克、糖適量

作法

1.將蛋液倒入碗中，加鹽打勻。

2.番茄洗淨，切小塊。

3.鍋中加油，燒熱後倒入蛋液，翻炒至熟，然後盛出，倒入番茄塊，繼續翻炒，放入鹽、糖，翻炒至熟。

4.將炒好的雞蛋倒入鍋中翻炒均勻，即可盛出食用。

Q&A百寶箱

芹菜會殺精，是真的嗎？

關於芹菜，民間就一直存在兩種聲音，一種認為芹菜是一種保健蔬菜，經常食用可提高男性性能力，而另一種聲音則是芹菜殺精，會造成生育障礙。哪種說法正確呢？

其實，現代醫學研究證實，芹菜中含有抑制睪丸酮的成分，而睪丸酮又是促進精子生成、發育的重要物質。

臨床醫學研究證明，身體健康、機能健全的男性在服用芹菜多日之後，其精子的數量大大減少，但是在停止食用芹菜之後，精子的數量又會恢復到正常的水準。

男性準備懷孕期，也要禁食豆製品，因為豆製品含有雌性激素，同樣對男性精子生成有不利影響。新手媽媽哺乳男嬰兒時也不可食用過多豆製品，以免影響男嬰將來的生殖功能。而可樂也會影響男性生育，不宜食用。

受孕看「天時」，一定要懂的中醫「三虛四忌」

中國古人最看重血脈傳承，所以對孕育的研究從很久之前就開始了，孕育之前，除了調理好身體之外，還要選擇恰當的時機，對此，古人總結出了「三虛四忌」的孕育禁忌。清代單南山在《胎產指南》中說：「男女無疾，交會應期；三虛四忌，不可不避。」

三虛，指的是年虛、月虛和日虛。古人提倡一年四季的生活都應該因時而調，因時而變。人的生活作息以及生殖繁育也應該順應天時。

三虛之禁忌

一為年虛

一年之中，年虛有二，一指二十四節氣中的冬至，另一年虛指的是二十四節氣中的夏至。

冬至和夏至正是天地之間陰陽氣機轉化時，人體之氣處於蟄伏狀態。古人認為，年虛時是人在一年之中最為虛弱的一天。如果在年虛日及其附近幾天行房，一方面可能會造成元氣損耗，另一方面則可能會因精血品質不高，造成生育出來的孩子性情乖張。

二為月虛

月虛，指月亮隱於天際之時，以及上弦月的前幾天和下弦月的後幾天。在中國傳統醫學中，月亮稱為太陰。在月虛之時，天與地之間陰氣正盛，行房易傷身，即便勉強行房受孕，將來所生的孩子在健康和智商上都會有所欠缺。所以，在準備懷孕育之前，應該盡可能避開月虛之時。

三為日虛

日虛指的是自然界之中氣象變化較大的日子，例如日食、月食、大暴雨等天氣，這些日子天地之氣變化較大，人體之氣被迫蟄伏，若行房，很容易造成氣血受損，不符合優生原則。

四忌莫行房

所謂「四忌」，《胎產指南》闡述為：「四忌者，一忌本命正沖，甲子庚申，滅沒休廢之日；二忌大寒大暑，大飽大醉之時；三忌日月星辰，寺觀壇場之前，塚墓之處；四忌觸忤惱犯，罵詈擊搏之事。犯此四者，令人無子，且至夭也。」

一忌「本命正沖」

這是根據八字命相學上所歸納出來的內容，是從屬相的相生相剋上來說的，譬如屬相為豬的最好不要生屬蛇的孩子，以保證家庭的和睦長久。當然，在現代社會，很多人已經不再忌諱這一點了。

二忌「大寒大暑，大飽大醉」

生育最好避免在大冷大熱的時候，在天氣最冷和最熱的時候不要行房，這一點與年盧是相對應的。

其實，懷孕最好選擇避開整個冬季，一則因為冬季氣溫較低，空氣污染嚴重，對胎兒成長最關鍵的三個月恰好正處在這個時期，生出畸形兒的機率較其他季節高。而在隨後到來的春季裡，細菌滋生也比較嚴重，流行性疾病盛行，為懷孕的母親和胎兒

的安全增加了風險，所以不建議在冬季懷孕。

懷孕的最佳時間應該在七至九月份，因為孕期前三個月，正值入秋，蔬菜瓜果等各種物質比較豐足，可供選擇的食物很多，空氣污染相對冬季要小得多，而且此時懷孕，生育孩子的時間是在第二年的四至六月份，此時天氣不冷不熱，對產婦和新生兒都是一個比較舒適季節。當然，除了冬季之外，其他的時間也是可以的。

飽食後行房也是不科學的，人體的血液分配並不是均勻的，哪個器官工作強度大，哪裡就需要更多的血液。譬如，看書的時候，大腦需要的血液比較多，如果同時再去吃飯，胃部的消化就會受影響。

同樣的，飽食後行房，原本應該分配到脾胃的血液就要分出一部分到生殖系統，如此，不但會影響脾胃，還會降低性生活品質，是不可取的。

三忌「日月星辰，寺觀壇場之前，塚墓之處」

「日月星辰下不野合」，這是傳統養生學上的觀點，因為人在野外行房，身體很容易受寒，即便懷孕，品質也很難保證。

至於「寺觀壇場之前，塚墓之處」則很顯然出於古人的對天神和故去之人的敬畏，加上這些場地也是在野外，對人的身體也可能會有所傷害。

四忌「觸忤惱犯，罵詈擊搏之事」

人在經歷「罵詈擊搏之事」之後，情緒大多會惱怒或恐懼，情緒過於激動，難免會導致氣血上沖，精血必然虛弱，如在此時行房，可能會導致房事違和，不但影響品質，還可能會導致疾病。若行房時遇到驚嚇，更容易導致心悸、陽萎、早洩等症，即便勉強懷孕，小產的機率也很高。

《素女經》中說：「交接之道在於定氣、安心、和志，三氣皆至，神明統歸。」由此可見，古人已經認識到情緒平和、志意暢美是行房的必需條件。

除了這些禁忌之外，選擇受孕的年齡和具體的時間也很重要，準備懷孕期考慮周全，才能生出健康聰明的孩子。前文中我們說過，女性二七（十四歲）、男性二八（十六歲），天葵至，便有了生育能力。但事實上，這時候男女年齡尚幼，並不是生育的最佳時期。

根據現代醫學研究，女性生育黃金期在二十五歲至二十九歲之間，此時女性身體的各種技能發育成熟，卵巢功能旺盛。而男性的最佳生育時間在四十歲之前，超過了四十歲，身體的各種機能都已經下降，精子的品質也無從保證。

同時，在行房時間的選擇上，應該避開午夜時分，正如《胎產指南》中所說，「行房事切忌子時前，乃陽衰陰盛之候。」

看生理期，測體溫，選對體位輕鬆就好孕

明代醫學典籍《萬氏婦人科》中說：「欲種子，貴當其時。」這裡所說的「其時」指的就是排卵期，在排卵期行房，受孕率最高，不在排卵期行房，就很難懷孕。所以，準確母體掌握母體的排卵期十分重要。

推算母體的排卵期，有兩種方法可行。如果女性月經規律，週期固定在二十八至三十二天之間，排卵期就可以直接經由簡單的運算推算出來。如果月經不規律，或擔心自己有什麼婦科疾病會造成孕育困難，可以經由基礎體溫測量法判斷自己排卵是否正常，以及具體的排卵時間。

透過生理期推算排卵期

大多數女性生理期都是規律的，所以排卵期就可以經由簡單的計算推算出來。從下次生理期來潮第一天往前數，第十四天為排卵日，而排卵日的前五天和後面的四天連同排卵日當天合稱排卵期。

譬如，某位女性的生理期週期為三十天，若本次生理期第一天為當月一號，那麼排卵日就是當月的十六號，排卵期為當月十一號至二十號。在排卵期內受孕的機率比

排卵期第一天＝最短一次生理期週期天數－18

排卵期最後一天＝最長一次生理期週期天數－11

舉個簡單的例子，某位女性的生理期週期長可達35天，短可達26天，那麼其排卵期第1天便是26－18＝8，排卵期最後一天則為35－11＝24，所以，該女性的生理期週期為生理期第1天往後數8天，從8天至24天這段時間為排卵期。

較大，但是同時也要注意，越靠近排卵日，就越容易受孕。

如果女性生理期不太正常，但是沒有什麼大的器質性疾病，也可以經由計算推算出排卵期

透過基礎體溫推算排卵期

如果覺得經由生理期推算排卵期不夠準確，還可以利用基礎體溫的變化，更精確地掌握排卵期。所謂基礎體溫，指的是人體在經歷長達六至八小時的睡眠之後，醒來未做任何活動之前所測量到的體溫，這個體溫是人一天中最低的時候，要注意，一旦確定在哪個時間點測量，以後都要固定下來，這樣得到的資料才會比較準確。

基礎體溫在不同時期會呈現規律性變化，女性生理期來潮到卵泡形成期，這段時間基礎體溫一般較低，當卵巢排卵之後，其所形成的黃體素會促使人體自動調節體溫，出現體溫略微升高攝氏〇．三至〇．五度的現象。這種稍高的溫度可持續到下次生理期來潮，才會出現體溫下降的現象，所以，經由體溫的變化就可以推算出女性的卵巢狀況和排卵期的時間變化。

我們可以根據基礎體溫推算一個人的排卵期。具體步驟為：

- 買一支基礎體溫專用的體溫計和一張專門的基礎體溫表格。用一般的體溫計也可以，但是如果想要更精確一些，最好用專用的體溫計，因為人體基礎體溫變化往往只有攝氏〇．三至〇．五度。
- 臨睡前將體溫計甩到刻度下方，放在第二天在床上伸手就能拿到的地方。第二天早上醒來，第一件事就是拿起體溫計放在舌下含著，五分鐘後取出，在基礎體溫表格上記錄下體溫，最好是從生理期第一天開始記錄，這樣連續記錄一個生理週期，將所得到的結果用直線串聯起來，就成了基礎體溫線，由此就可以得到最確切的排卵日。
- 連續測量三個月，便可以總結出更準確的排卵狀況。經由基礎體溫線，一般可以得出這樣的結果：生理期一至十三天，基礎體溫溫度一直比較低。到排卵日，體溫開始有所變化。到月經第十四天直至下次生理期來潮，基礎體溫一直維持在一個相對高的溫度。

一般來說，基礎體溫開始上升的二至三天為最易受孕期，四天之後，基本可以斷定排卵已經發生，此後直至下次生理期來潮，就是行房安全期，一般不會受孕。

在合適的時間選擇合適的體位

無論是採用生理期推算法還是基礎體溫測量法，還是兩者兼用，只要找到了最易受孕的日子，那麼選擇在適當的時間行房，就可以輕鬆實現孕育的目的。

關於行房最合適的體位，古代中醫典籍《洞玄子》裡有過論述，書中建議男女在行房之時要根據不同時節來選擇不同體位。

現實中，最推崇的體位還是男上女下式，行房之時，女性仰臥床上，以軟枕將腰部墊起，使腰臀部位置稍高，這樣可防止身體內精液流失。房事過後，女性不要急於起身，最好在床上靜臥三十至六十分鐘，可提高精子與卵子結合的機會。

當然，具體的還要看夫妻雙方的興趣，無論採用什麼體位，只要能保證夫妻滿意盡興，就是受孕最好的體位。

人體經絡穴位在哪裡——十二經脈篇

依據後漢北齊名醫徐之才所論述的助孕與養胎之道，每個月份是由一條經絡代表，每條經絡都有著固定的一條軌跡，是連接五臟六腑的通道。既然如此，這些通道具體是在哪裡？又是怎樣的一個走向？它們的異常又會帶來怎樣的病變？這些才是瞭解經絡奧祕、把握治療根本的基礎所在。

經絡的主幹是十二經脈，十二經脈又分為「手三陰」、「手三陽」、「足三陰」、「足三陽」四個部分。根據命名的不同，它們各自的走向也有固定的規律：

- 手三陰——起始於內臟，從胸部經過，終結於上肢內側。
- 手三陽——從手部起始，經過上臂外側，終結於頭部。
- 足三陰——起始於足部，經下肢內側和腹部，終結於胸腔。
- 足三陽——起始於頭部，從這裡一直穿過軀幹和下肢，到足部為止。

從上面的總結可以看出，陰經總成上升趨勢，而且居於人體內部；而陽經則恰恰與之相反。

知道了經絡的大體行走規律，再鎖定具體經絡的位置以及相應穴位和病症就不難了。下面就將十二經脈的循行路線，包含穴位及臨床表現，作一下簡要的總結。雖然看似繁雜，但瞭解了經絡走向和穴位之後，在後面要針對某一穴位進行治療時，就更容易找穴，也更易於各位舉一反三，根據身體具體病痛的情況，選擇合適的按壓方法。

手太陽小腸經

- 行走路線：起始於小指端少澤穴↓經手掌↓手腕↓前臂↓肘部↓臂部↓肩胛↓大椎穴↓缺盆↓胸腔↓心臟↓沿食道下行↓腹腔↓胃部↓終止於小腸。從缺盆分出支脈，經頸部上行↓面頰↓目外眥↓耳部↓耳中。從面頰分出支脈，經眼眶下部↓鼻旁↓目內眥。
- 包含穴位：少澤、前谷、後谿、腕骨、陽谷、養老、支正、小海、肩貞、臑腧、天宗、秉風、曲垣、肩外俞、肩中俞、天窗、天容、顴髎、聽宮。

手少陽三焦經

- 行走路線：起始於無名指末指端關衝穴↓沿指背至第四掌骨間↓上行至手腕↓前臂

背面橈骨尺骨間↓肘尖↓肩部↓大椎穴↓缺盆↓胸腔↓膻中↓心肌↓隔肌↓腹腔。胸中分出支脈，經缺盆↓頸部↓耳後↓耳上角↓面頰↓眼眶下。耳後分出支脈，向前進入耳中↓耳前↓橫行至上關↓面頰↓目外眥。

- 包含穴位：關衝、液門、中渚、陽池、外關、支溝、會宗、三陽絡、四瀆、天井、清泠淵、消濼、臑會、肩髎、天髎、天牖、翳風、瘈脈、顱息、角孫、耳門、耳和、絲竹空。

所謂三焦，是上焦、中焦和下焦的合稱。三焦不是穴位，而是各自對應一個範圍。例如，上焦就是指橫膈肌以上的部位，包括心、肺；中焦是指膈肌以下、肚臍以上的部位，包括脾、胃；下焦是肚臍以下的部位，包括腎、膀胱、大小腸等。

手陽明大腸經

- 行走路線：起始於食指端商陽穴↓經合谷↓前臂↓肘外側↓肩端↓肩峰↓頸椎↓缺盆↓肺臟↓終止於大腸。缺盆處分出支脈，經頸部↓面頰↓下齒↓環唇↓人中穴↓止於迎香穴。
- 包含穴位：商陽、二間、三間、合谷、陽谿、偏歷、溫溜、下廉、上廉、手三里、曲池、肘髎、手五里、臂臑、肩髃、巨骨、天鼎、扶突、口禾髎、迎香。

手太陰肺經

• 行走路線：起始於胃脘↓經過腸道↓隔肌↓肺臟↓肺系↓上臂↓肘窩↓寸口↓魚際↓終結於拇指內端少商穴。

• 包含穴位：中府、雲門、天府、俠白、尺澤、孔最、列缺、經渠、太淵、魚際、少商。

手少陰心經

• 行走路線：起始於心臟↓經心系↓橫隔肌↓腹腔↓小腸。心系向上分出支脈，經食道和咽喉↓顱腔↓眼球後部神經組織。心系分出直行支脈，經肺臟↓腋窩↓上臂內側↓肘窩↓前臂內側↓掌後腕豆骨↓小指內側末端少衝穴。

• 包含穴位：極泉、青靈、少海、靈道、通里、陰郄、神門、少府、少衝。

手厥陰心包經

• 行走路線：起始於胸腔↓向下透過橫膈肌↓腹腔。胸部分出支脈，沿胸壁至肋部↓腋下天池穴↓腋窩↓沿手臂前行↓肘彎中央↓沿前臂掌面下行↓手腕↓掌中↓中指指端中衝穴。掌中分出支脈，從勞宮穴↓無名指指端關衝穴。

• 包含穴位：天池、天泉、曲澤、郄門、間使、內關、大陵、勞宮、中衝。

足太陽膀胱經

• 行走路線：起始於目內眥→經額頭→頭頂→百會穴→顱內→大腦→向下至肩胛內側→沿脊柱兩側至腰→臀部→沿大腿後至膝窩。從頸部分出支脈，經肩胛→沿胛內下行至臀部→髖關節→沿大腿後外側至胭窩→小腿後部肌肉→外踝→沿足外側→小趾端至陰穴。從腰部分出支脈，經脊柱旁肌肉→腹腔→腎臟→膀胱。從頭頂分出支脈至耳部。

• 包含穴位：睛明、攢竹、眉沖、曲差、五處、承光、通天、絡卻、玉枕、天柱、大杼、風門、肺俞、厥陰俞、心俞、督俞、膈俞、肝俞、膽俞、脾俞、胃俞、三焦俞、腎俞、氣海俞、大腸俞、關元俞、小腸俞、膀胱俞、中膂俞、白環俞、上髎、次髎、中髎、下髎、會陽、承扶、殷門、浮郄、委陽、委中、附分、魄戶、膏肓俞、神堂、譩譆、膈關、魂門、陽綱、意舍、胃倉、肓門、志室、胞肓、秩邊、合陽、承筋、承山、飛揚、跗陽、昆侖、僕參、中脈、金門、京骨、束骨、足通谷、至陰穴。

足少陽膽經

• 行走路線：起始於眼外一公分處的瞳子髎穴→上行至額頭頷厭穴→耳後風池穴→肩部→缺盆→胸腔→隔肌→腹腔→肝臟→膽臟→沿脅肋內側下行之腹股溝股動脈→繞過外生殖器向後至髖關節→大腿→膝蓋→腓骨下端→外踝、足背外側→四趾末節外側足竅陰。耳後分處支脈，進入耳中→耳前→目外眥→大迎穴→頸部下行至缺盆。缺盆分出支脈，下行至腋下→胸側壁→季脅→髖關節。足背分出支脈，沿著第一、第二蹠骨間→大趾端→穿過趾甲分佈於趾背。

• 包含穴位：瞳子髎、聽會、上關、頷厭、懸顱、懸厘、曲鬢、率谷、天沖、浮白、頭竅陰、完骨、本神、陽白、頭臨泣、目窗、正營、承靈、腦空、風池、肩井、淵腋、輒筋、日月、京門、帶脈、五樞、維道、居髎、環跳、風市、中瀆、膝陽關、陽陵泉、陽交、外丘、光明、陽輔、懸鐘、丘墟、足臨泣、地五會、俠溪、足竅陰。

足陽明胃經

• 行走路線：鼻翼→鼻根→齒齦→口唇→漿穴→腮後→下頷→耳前→上關穴→前額。下頷分出支脈，經頸部→人迎穴→盆缺→胸腔→腹部→胃→脾臟。缺盆處向下分出

支脈，經胸部乳頭內側↓腹部臍旁↓腹股溝↓下肢外側↓足背↓終止於足中趾外側端的厲兌穴。

• 包含穴位：承泣、四白、巨髎、地倉、大迎、頰車、下關、頭維、人迎、水突、氣舍、缺盆、氣戶、庫房、屋翳、膺窗、乳中、乳根、不容、承滿、梁門、關門、太乙、滑肉門、天樞、外陵、大巨、水道、歸來、氣沖、髀關、伏兔、陰市、梁丘、犢鼻、足三里、上巨虛、條口、下巨虛、豐隆、解谿、沖陽、陷谷、內庭、厲兌。

足太陰脾經

• 行走路線：起始於足大趾末端隱白穴↓經大趾內側↓內踝↓腿肚↓沿脛骨至膝↓腹股內側↓腹部↓脾臟↓胃↓透過橫隔肌↓食道兩旁↓舌根↓分散於舌下。

• 包含穴位：隱白、大都、太白、公孫、商丘、三陰交、漏谷、地機、陰陵泉、血海、箕門、沖門、府舍、腹結、大橫、腹哀、食竇、天溪、胸鄉、周榮、大包。

足少陰腎經

• 行走路線：起始於小趾下↓經然谷穴↓足內踝↓足跟↓上行至腿肚內側↓小腿↓膝

蓋↓大腿內側↓腹股溝↓脊柱↓腎臟↓膀胱。從腎臟分出支脈，經肝臟↓橫隔肌↓胸腔↓肺臟。從腎臟分出另一支脈，沿氣管喉嚨上行↓舌根外側。從肺臟分出支脈，經心臟↓胸腔。

- 包含穴位：湧泉、然谷、太谿、大鐘、水泉、照海、復溜、交信、築賓、陰谷、橫骨、大赫、氣穴、四滿、中注、肓俞、商曲、石關、陰都、腹通谷、幽門、步廊、神封、靈墟、神藏、彧中、俞府。

足厥陰肝經

- 行走路線：起始於大趾背大敦穴↓沿足背上行↓內踝中封穴↓踝骨↓小腿↓膝蓋↓大腿內側↓腹股溝↓陰毛處↓繞回外生殖器↓進入小腹腹腔↓胃外側↓肝臟↓膽臟↓上行至橫膈肌↓胸腔↓脅肋↓沿氣管背部上行↓鼻咽↓頭顱↓目系↓出前額↓頭頂。從目系分出支脈，下行至面頰↓環繞唇內。從肝臟分出支脈，上行至橫膈肌↓胸腔↓肺臟。
- 包含穴位：大敦、行間、太衝、中封、蠡溝、中都、膝關、曲泉、陰包、足五里、陰廉、急脈、章門、期門。

（本篇摘自養沛文化《按對了，痛就不見了》一書）

人體經絡簡圖

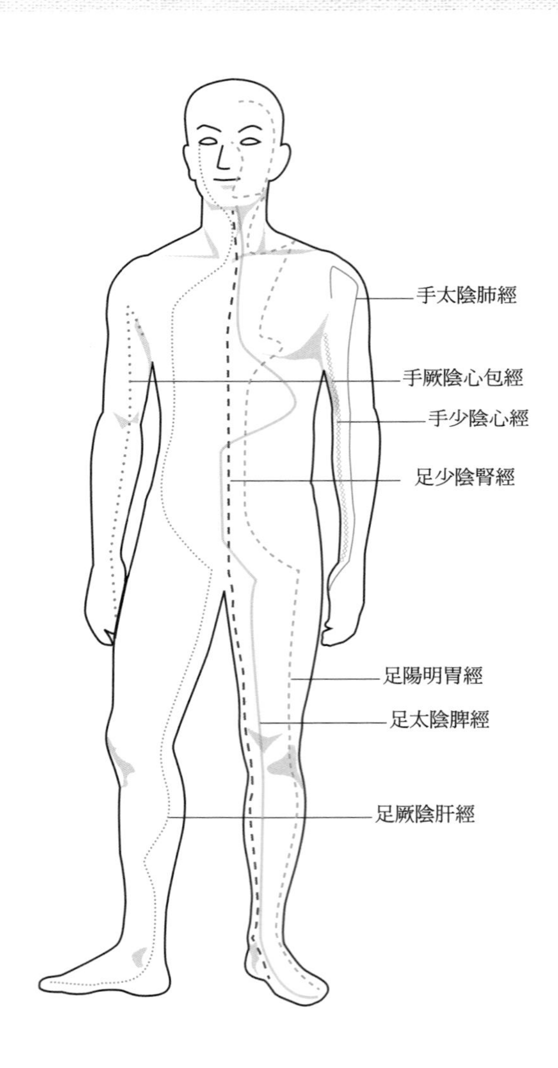

奇經八脈簡圖

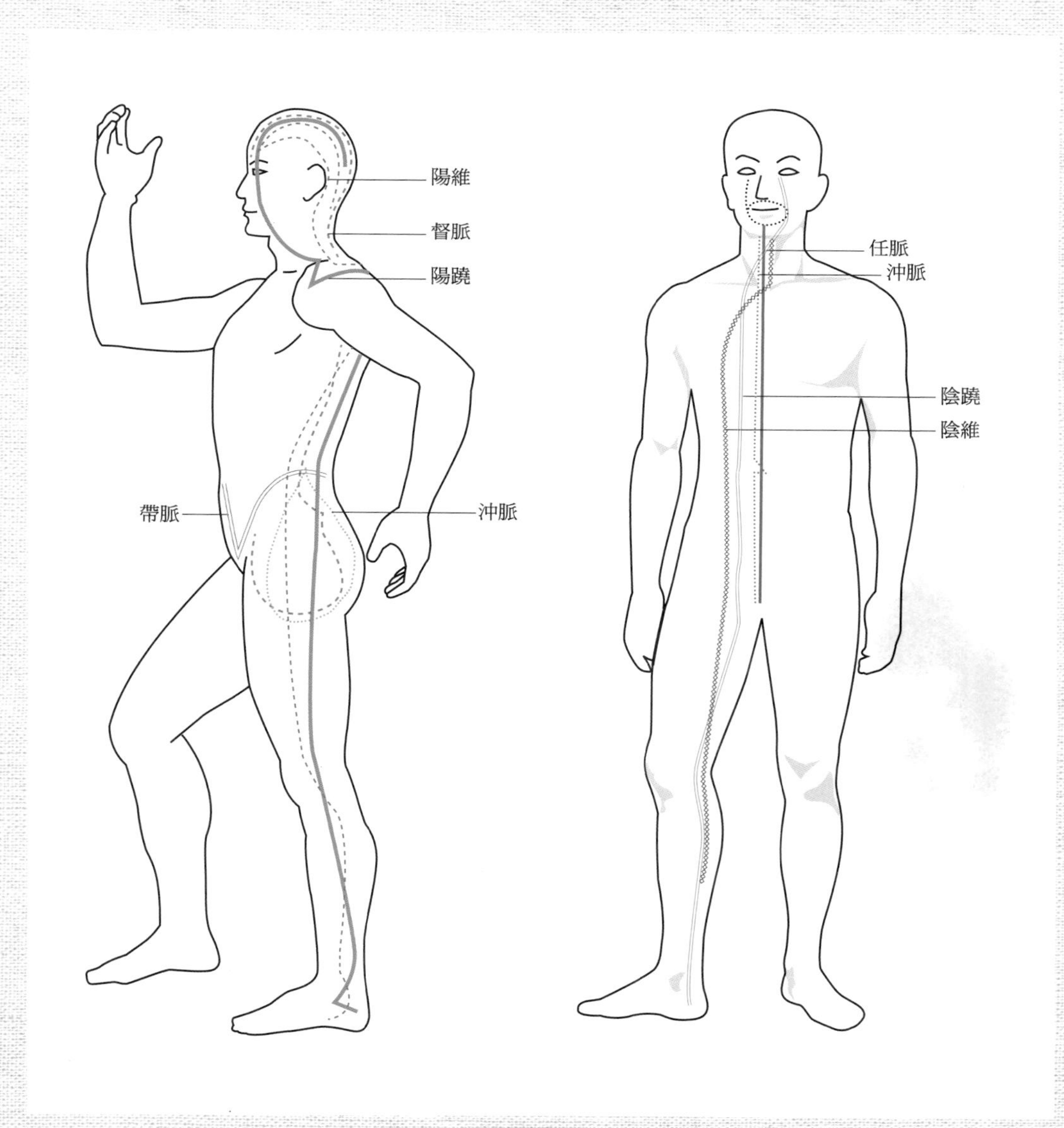

人體經絡穴位在哪裡——奇經八脈、脈絡篇

如果將身體的十二條經脈比作高速公路，那麼奇經八脈則是聯繫這些高速公路的重要支路。它的存在，讓經脈之間，在保持相對獨立的同時，又能有足夠的暢通性，讓氣血在全身運行。

而十五條絡脈就更像是高速公路的輔道，它們和經脈互為陰陽，如陽經的脈絡為陰，反之亦然。這樣便能令機體自行調節氣血的盛衰，維持體內陰陽的平衡。

任脈

- 行走路線：起始於小腹↓下行至會陰↓向前經過外生殖器↓於恥骨處入腹↓沿腹腔正中上行↓橫膈肌↓胸腔↓咽喉↓環繞口唇↓目眶下方。從胸部分出支脈，入肺。
- 包含穴位：會陰、曲骨、中極、關元、石門、氣海、陰交、神闕、水分、下脘、建里、中脘、上脘、巨闕、鳩尾、中庭、膻中、玉堂、紫宮、華蓋、璇璣、天突、廉泉、承漿。

督脈

- 行走路線：起始於小腹→下出於會陰→沿脊柱上行至風府穴→腦顱→巔頂→經額頭下至鼻柱。
- 包含穴位：長強、腰俞、腰陽關、命門、懸樞、脊中、中樞、筋縮、至陽、靈台、神道、身柱、陶道、大椎、啞門、風府、腦戶、強間、後頂、百會、前頂、顖會、上星、神庭、素髎、水溝、兌端、齦交。

沖脈

- 行走路線：起始於小腹→下出於會陰→沿脊柱內上行→腹部→胸部→咽喉→面頰→環繞口唇。
- 包含穴位：公孫、會陰、陰交、氣沖、橫骨、大赫、氣穴、四滿、中注、肓俞、商曲、石關、陰都、腹通谷。

帶脈

- 行走路線：從季脅處開始→向下斜行至帶脈穴，之後橫繞腰腹一周。

- 包含穴位：帶脈、五樞、維道。
- 臨床表現：腹脹、下肢痠軟、腰腿不適等。

陰蹺脈

- 行走路線：起始於足部照海穴→經內踝→小腿內側→大腿內側→陰部→腹部→胸部→缺盆→頸部→面頰→止於目內眥。
- 包含穴位：照海、交信、睛明。

陽蹺脈

- 行走路線：起始於足部申脈穴→經外踝→小腿外側→大腿外側→腹側→胸側→腋窩→肩膀→頸部→面頰→進入目內眥→沿足太陽經至額頭→過頭頂→向後行至頸部→中指與風池穴。
- 包含穴位：申脈、僕參、跗陽、居髎、臑俞、巨骨、肩髃、地倉、巨髎、承泣、睛明、風池。

陰維脈

- 行走路線：起始於小腿內側築賓穴→經小腿內側→大腿內側→腹部→經胸腔→頸部→與任脈交與天突穴和廉泉穴。
- 包含穴位：築賓、沖門、府舍、大横、腹哀、期門、天突、廉泉。

陽維脈

- 行走路線：起始於足跟內側金門穴→經外踝→小腿外側→大腿外側→髖關節→腹側→胸側→腋窩→頸部→前額→沿頭向後至項部→與督脈交會於風府、啞門穴。
- 包含穴位：金門、陽交、臑俞、天髎、肩井、本神、陽白、頭臨泣、目窗、正營、承靈、腦空、風池、風府、啞門。

十五脈絡

- 十五脈絡為經脈的輔助脈，其作主要用是調節經脈的陰陽平衡。因此，這裡就不做詳細介紹。在後面針對症狀的詳細治療過程中，我們再針對性地進行說明。

人體經絡簡圖

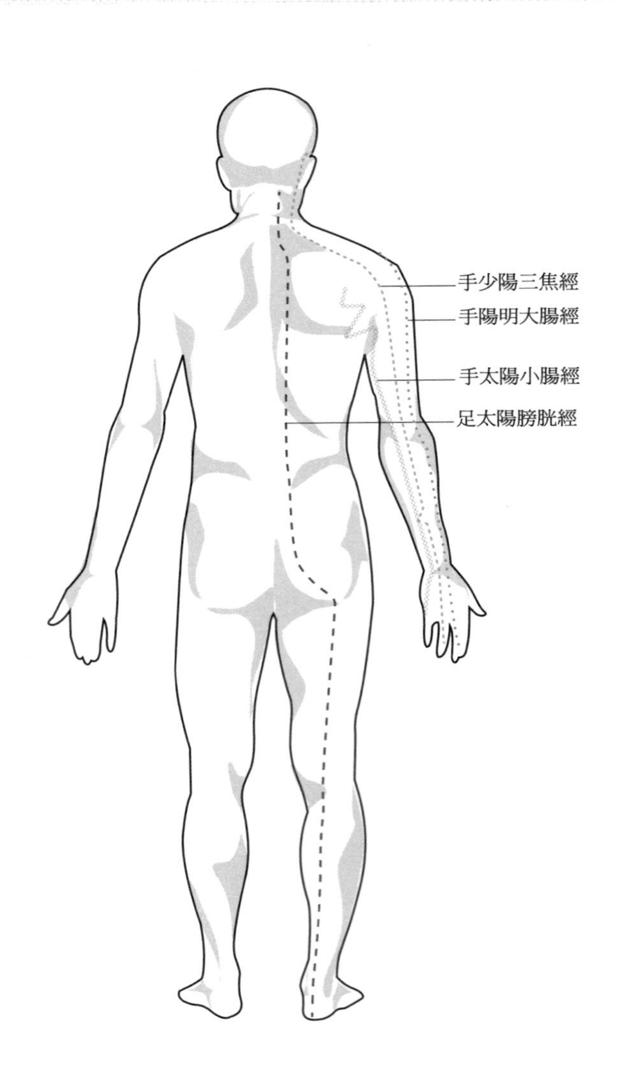

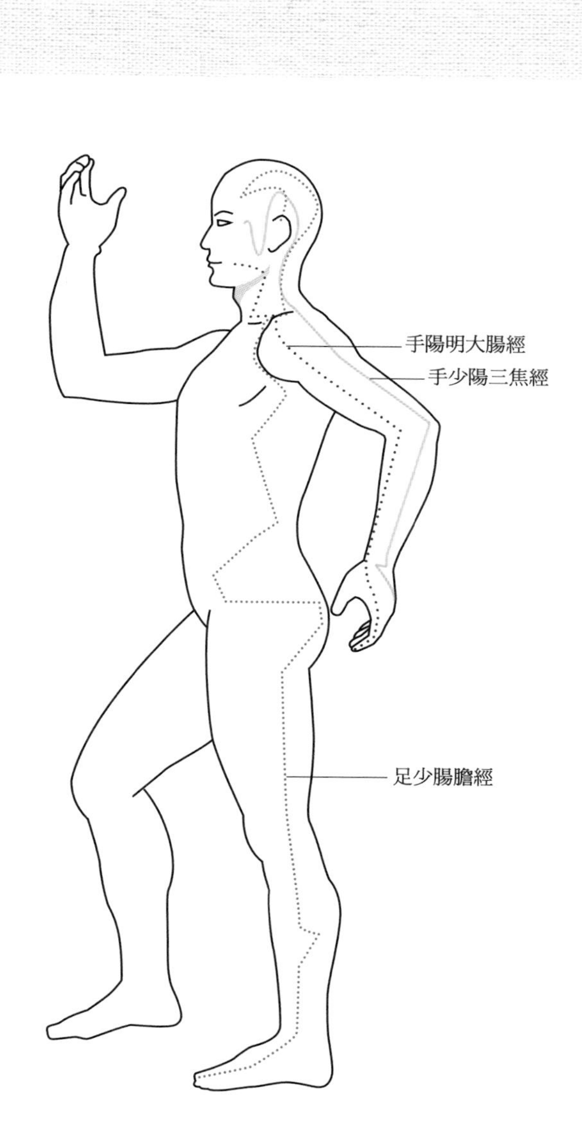
手陽明大腸經
手少陽三焦經
足少腸膽經

part 2

懷孕一至三個月的安胎需知

探究逐月養胎之說的根源，可以追溯到秦漢時期的分經養胎理論，而最為中醫學者所認同並普遍應用的，還是始於後漢名醫徐之才的「逐月養胎法」。

懷孕第一個月，主養「足厥陰脈」

懷孕一個月，指的是從末次月經第一天算起的一個月。在這個月份，胎兒甚至不能被稱為胎兒，他由一個小小的受精卵慢慢地生長，長度只有〇．三六至一公分，滿一個月的時候，看上去就像一個小海馬，子宮大小如雞蛋。

這一時期的胎兒，中醫稱之為「始胎」或「胎胚」，寓意初始階段。這一時期胎兒正在以極快的速度生長發育，供給胎兒營養的胎盤、絨毛和臍帶也開始正常工作。

這一時期胚胎所需要的營養並不多，所以懷孕的女性並不需要特意補充過多的營養，但在這一個月份，仍然有許多需要注意之處。

根據徐之才的逐月養胎理論：「妊娠一月，名胎胚。飲食精熟，酸羹受禦，宜食大麥，毋

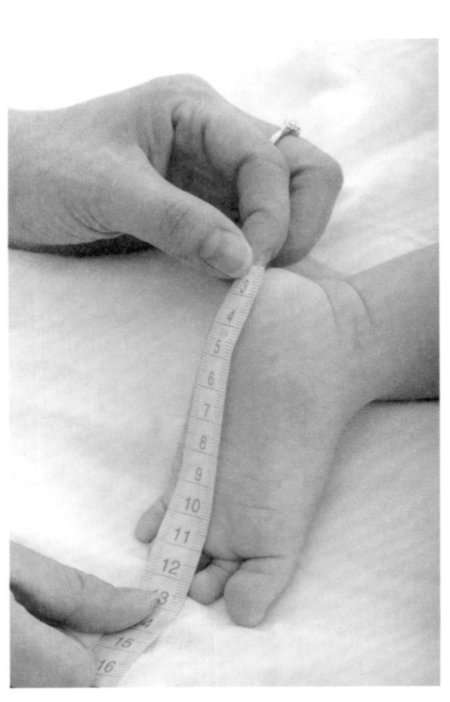

食腥辛，是謂才正。是月足厥陰脈養胎，不可針灸其經。足厥陰屬肝，主筋及血。一月之時，血行痞澀，不為力事，寢必安靜，無令恐畏。」

本月胎兒為足厥陰脈所養。在傳統醫學中，「足厥陰脈」指肝經，懷孕一個月，孕婦的諸多反應與需求都與肝經有關。所以，頭月養胎就是要注重肝經的滋養。關於具體的胚胎養護措施，接下來將做進一步的詳述。

食物要色香味俱全，要滋養脾胃，易於消化

關於懷孕一個月的飲食，徐之才建議「飲食精熟」。剛得知自己懷孕的準媽媽，心情往往比較忐忑、激動。尤其是第一次懷孕的準媽媽，更容易產生擔憂、恐懼等情緒，進而食欲不振。

在懷孕的第一個月，準媽媽的飲食要製作得盡可能地精細美觀、色香味俱全，才能讓懷孕初期的準媽媽胃口大開，更要注意營養配比。

準媽媽的飲食要求與未懷孕時必然會有很大不同。所有飯菜一定要煮到全熟，杜絕病菌從口而入，保證準媽媽和胎兒的健康。不但如此，準媽媽在懷孕初期，消化功能一般都會受到影響，如果進食難以消化、生冷以及寒性的食物，會造成脾胃的負

擔，不利於準媽媽的身體健康，也會影響對胎兒的血液供給。

除了保證飲食精熟，準媽媽還要避免食用腥膻辛辣之物。在中醫理論中，腥屬於腎經，而腎藏精，主生殖器官。腥味的食物易使準媽媽產生孕吐反應，且影響生殖器官，對胎兒發育不好。而辛辣之物多為熱性，食用過多會耗傷津液，津虧生熱傷肝，會造成胎動不安。所以，準媽媽在懷孕的第一個月裡，最好少吃或是不吃辛辣的食物。

懷孕一個月，在主食的選擇上，可以多食大麥。

大麥味鹹、甘、性溫、寒，無毒，可以促進消化吸收，對五臟都有很好的滋養之用。《本草經疏》中說：「大麥，功用與小麥相似，而其性更平涼滑膩，故人以之佐白米同食。或歉歲全食之，而益氣補中，實五臟，厚腸胃之功，不亞於白米。」所以，孕期每天吃一點大麥製品對身體很有幫助，可以發揮助胃氣、增食欲、促消化的作用。

大麥最簡單的食用方法是將它與五穀雜糧一起煮粥吃，也可以直接購買大麥茶泡茶喝。

另外，要提醒準媽媽們，孕期第一個月不需要食用太多高蛋白卻難以消化的食物，以免給腸胃造成不必要的負擔。除了那些身體本身就比較差的準媽媽，一般不需要吃太補。

以食養肝，多吃點酸

《黃帝內經．靈樞．五味論》中說：「心欲苦，肺欲辛，肝欲酸，脾欲甘，腎欲鹹，此五味之合五臟之氣也。」人體肝臟具有藏血的功能，而在懷孕後，準媽媽肝臟中的血除了要供應給自身外，還要滋養胎兒，此時如果補養不恰當，就會造成肝陰不足。

肝陰不足會造成準媽媽嗜酸，所以此時即便平時不怎麼喜歡吃酸味食物的準媽媽，這時也會想吃點酸的東西。民間有許多適合孕婦吃、酸酸的食物和飲品，如梅子、檸檬汁，適量的進食一些對肝經有益處。

而「肺主氣，味主辛」，血液在全身的供給要靠肺經的支持，氣順才能血液暢通，如果氣不足，人就會精神不振。

懷孕初期，準媽媽常會感到疲倦、昏昏欲睡，一般來講，這是正常的現象。經過一段適應期，如果想要提振精神，可以從養肺入手，對身體進行調節。氣順血通，精神慢慢就好起來。

有的準媽媽在懷孕後會很喜歡吃辣的東西，因為「肺主氣，味主辛」，如果肺經不暢，就會造成喜歡吃辣的現象。

老人們常說的「酸兒辣女」其實沒根據，吃酸吃辣只和準媽媽的身體需求有關。那些懷孕早期有孕吐現象的，也是因為肺經運氣的能力不足，消化能力不夠，所以吃了東西之後，最直接的反應就是將食物吐出來。但如果準媽媽的肺經、肝經功能很強，就不會出現孕吐或突然偏食的情況。

不提舉重物，少勞動

孕期頭月，養胎注重肝經，而在中醫理論中，肝主筋。《素問・痿論》中說：「肝主身之筋膜。」肝經氣血足，則筋力強健。在孕期，肝中所藏的血氣有很大的部分被調去滋養胎兒，如果在此期間，準媽媽還要做一些勞動工作，就會加倍損耗血氣，對胎兒發育造成不利影響。

建議懷孕一個月的時候，不要從事勞動工作，尤其是手提重物。

保證高品質的睡眠，避免驚恐畏懼、胡思亂想

懷孕第一個月時，胎兒生長的速度超過之後的任何一個月，需要從母親的身體中汲取一切營養以快速發育，這樣就會造成準媽媽身體的各種不適，如精力不振、昏昏

欲睡、全身無力等。

睡眠是人體消耗能量最低時，最能供給胎兒營養，所以高品質的睡眠對胎兒的發育很重要。如果睡眠不好，準媽媽的心情可能會變得很糟。心情煩躁會造成氣血上湧，若供給胎兒的氣血不足，則會影響其發育生長。所以，準媽媽一定要有安靜充足的睡眠。

以睡來養胎，的確有助於養胎、保胎。此外，還需要注意情緒的控制。中醫理論中，人的情緒波動會對五臟有所損傷。「喜傷心，怒傷肝，思傷脾，悲憂傷肺，驚恐傷腎」，當一個人的情緒波動超過一定的限度，會造成身體內毒素的積累。

我們知道肝臟是人體排毒的主要器官，但是男女有一點不同，男性排毒只能靠肝，而女性排毒，除了肝之外，還有每個月的月經。懷孕之後，準媽媽就沒有月經，排毒的功能減弱，加上懷孕之後肝臟的負擔加大，毒素被排出的速度變緩，對準媽媽和胎兒都很不利。

在人的多種情緒之中，恐懼對準媽媽和胎兒的傷害最大，因為它除了會造成毒素積累之外，還會損傷腎經。腎經主下焦，是胎兒所處的位置，準媽媽的恐懼不但會影響胎兒的成長，還會對胎兒出生後的情志產生影響。

很多準媽媽在懷孕之後就開始擔心——胎兒發育不好、自己準備工作沒做好等

等，越想越覺得害怕。有些準媽媽看到孕產書上介紹的種種胎兒致病因素，就會更加擔心，加重恐懼的心理。其實出生後出現健康問題的胎兒只是極少數，大部分的胎兒都是健康的。盲目的憂慮只會傷害自己和胎兒的健康，所以準媽媽們要保持平和的心態，這對自身和胎兒的健康都是十分必要的。

懷孕第二個月，主養「足少陽脈」

懷孕兩個月時，胚胎進一步迅速發育，從一個擁有三層組織的「小漢堡」，漸漸地分化出人的形狀，最上層的組織漸漸長成皮膚，最下面一層則會發育成腸道的內壁，中間一層則慢慢發展成人的骨骼等其餘組織。

這一時期，子宮大小如鵝蛋。胚胎的長度在一至三公分之間，體重一到四公克，長尾巴開始縮短，骨骼依然很軟，大腦發育迅速，生殖器官已經形成，但是依然沒辦法看出性別。胚胎身體內部的心、肝、腸、胃已經開始分化，手、足、眼、嘴、耳等多種人體器官開始形成，眼睛長在頭部兩側，看起來像是一條拖著尾巴的小龍。

這一時期的胚胎，中醫稱之為「始膏」，寓意如羊脂瓊膏一般美好。根據徐之才的逐月養胎理論：「妊娠二月，名始膏。毋食辛臊，居必靜處，男子勿勞，百節皆痛，是為胎始。是月足少陽脈養胎，不可針灸其經。少陽屬膽主精。二月之時，兒精成於胞裡，當慎護之，勿驚動也。」本月胎兒為足少陽脈所養。

在傳統醫學中，「足少陽脈」指膽經，懷孕第二個月，準媽媽的諸多反應和需求都與膽經有關，所以，這個月養胎就要注重對膽經的滋養。關於具體的胚胎養護措施，接下來將做進一步的詳述。

起居安靜，小心呵護胚胎

妊娠的第二個月，是胎兒五官生髮的最關鍵時期。為了保證寶寶五官的正常發育，準媽媽需要一個安靜的起居環境，保證充足的睡眠，避免被噪音滋擾，更要保持內心平靜祥和，學會看開一切，遇到事情自己寬慰自己，因為這時準媽媽的情緒，同樣會對孩子的發育產生影響。

如果準媽媽在懷孕兩個月的時候總是情緒躁動，煩躁或發怒，就可能會影響孩子的相貌，甚至會出現五官畸形，譬如嬰兒出生後唇齶裂，這就是原因之一。

懷孕第二個月不只是胎兒畸形的易發期，也是胎動不安甚至胎漏的高發期間。所以準媽媽一定要注意自己的行為舉止，避免激烈勞動，不可提舉重物，切莫到人潮擁擠的地方，更不要去污染嚴重之處，盡量少用化妝品，避免接觸化學用品，遠離菸酒、寵物，盡可能遠離電磁輻射。

飲食清淡，戒食腥臊辛辣之物

懷孕第二個月的時候，正是胎兒五官發育的關鍵時期。《黃帝內經》中說，「凡十一臟取決於膽。」在此時，膽經對孩子的發育有關鍵作用。如果準媽媽想要生一個漂亮的孩子，就要盡可能地多吃素食，飯菜以清淡為主，因為五穀雜糧、瓜果時蔬所提供的營養，對生成標緻五官是有幫助的。

與此同時，很多準媽媽的身體都會出現一些特別的變化，例如基礎體溫升高，經常感覺身體發熱，小便間隔時間變短，乳房發脹，乳頭顏色變暗，心情比較容易煩躁，體困乏力，頭暈嗜睡，胃部不適、噁心想吐等，這些都是正常的反應，準媽媽無需苦惱。

在諸多懷孕初期的反應中，最令人覺得不能忍受的，是噁心、嘔吐。如果想要緩解這種情況，需要注意飲食清淡。一方面，清淡的食物味道更容易為懷孕的女性接受，減少孕吐的發生，另一方面，清淡的食物更容易消化，不會傷了胃氣。

這個月依然要避免食用腥臊辛辣之物，過冷和過熱的食物都不應該吃。總而言之，「兒之在胎，與母同體，得熱則俱熱，得寒則俱寒，病則俱病，安則俱安。」為了避免胎動不安，最好還是禁食辛辣腥膻、油膩難消化和過冷過熱的食物。

如果準媽媽經常在早上時發生孕吐，可以在起床時吃一點蘇打餅之類的食物，通常過了前三個月，孕吐的現象就會完全消失。

有些準媽媽孕吐的情況非常嚴重，以致吐得不受控制，剛吃下三、五分鐘就全部吐出來，吐得渾身無力，這種嚴重的孕吐就是中醫所說的「惡阻」，西醫稱之為妊娠劇吐。

造成惡阻根本原因有兩種，一種是體質因素，一種是情志因素所引發。如果準媽媽本身脾胃虛弱、肝胃不和，就會導致充氣上逆、胃失和降，引發惡阻，應當立刻就醫。

節欲，戒房事

懷孕初期，節欲是十分必要的，《幼幼集成》說：「婦人懷孕……以淫欲最所當禁；蓋胎在胞中全賴氣血育養，靜則神藏，若情欲一動，火擾於中，血氣沸騰，三月以前犯之則易動胎小產。」

行房難免會導致孕婦心跳加速、氣血翻湧，對胎兒產生不利影響。另外，精子性濕熱，胎兒接觸到精子，也可能會導致出生之後形成易生痘、瘡之類的敏感性皮膚。

現代醫學也認為，孕期前三個月和後三個月都不宜行房，在臨床上，因不節制房事而引發的悲劇，實在數不勝數。所以，懷孕初期，準媽媽和準爸爸為了孩子安全，即便身體健康、諸事順利，也要忌房事，以免釀成悲劇。

Q&A百寶箱

孕期嘔吐怎麼辦？

孕期嘔吐是一種很常見的早孕反應，一般發生在懷孕兩、三個月時。對於大多數的準媽媽來說，孕吐都不會影響胎兒，所以無需擔心。飲食清淡，少食多餐；遠離油煙；每晚臨睡前喝杯牛奶；每天早上起床吃一點蘇打餅乾；找點事情做，分散自己的注意力……都是好方法。透過食物來調理也是很有效的，必要的時候也可在醫生的指導下使用方劑。

病理1：脾胃虛弱

◆**表現症狀**：總感覺噁心欲嘔，食物入胃即吐出，有時還吐酸水，體倦乏力，疲倦欲睡，舌苔發白舌質淡，脈細滑無力。

◆**緩解方法**：強健脾胃，降逆止嘔。

◆**食法**：傳統醫學中，薑有「嘔家聖藥」之名，性溫，味辛，可溫中、止嘔、化痰。脾胃虛弱導致的孕吐，可食用生薑片。生薑片的作法很簡單，生薑切薄片，將少量的鹽和糖放入薑片，稍醃片刻，入味即可。感覺噁心欲嘔時，將薑片含入口中或吃下即可緩解症狀。

◆**中藥**：《中藥成方配本》上記載可食用香砂六君子丸。

病理2：肝胃不和

◆**表現症狀**：嘔吐劇烈，多吐酸水苦水，難以進食，口乾口苦，心情煩躁，胸肋脹痛，舌苔薄而發黃，舌質發紅，脈弦滑。

◆**緩解方法**：抑肝和胃，降逆止嘔。

◆**食法**：

1.**檸檬**：中醫典籍《粵語》中說：「檸檬，宜母子，味極酸，孕婦肝虛嗜之。」每天早起聞幾下或將檸檬去皮、去核、切小塊，入鍋加水和少許白糖煮製成汁飲用。

2.**生薑烏梅飲**：將烏梅肉、生薑各十公克加二百公克水與適量紅糖熬製成湯，每天飲用兩次，每次一百公克，可和胃止嘔，生津止渴。

◆**中藥**：《丹溪心法》上記載可食用左金丸。

病理3：痰濕阻滯

◆**表現症狀**：總感覺噁心，嘔吐之物為痰涎，不欲飲食，口淡而黏膩，腹脹，便溏，舌苔濁膩而舌質淡，脈細滑。

◆**緩解方法**：化痰除濕，調和脾胃。

◆**食法**：

1. **橘皮茶飲**：傳統醫學認為，橘皮味辛，微苦，性溫，入脾、肺經。可治療脾胃氣滯，脘腹脹滿，嘔吐。將橘皮沖茶飲用，橘皮性溫，味甘苦，有理氣化痰之用，可緩解痰濕阻滯引起的懷孕嘔吐。也可將橘皮十公克、薑片十公克加水與適量紅糖入鍋同煮。
2. **柚子**：《日華子本草》中說：「（柚）治妊孕眾食少並口淡，去胃中惡氣」，但要適量。
3. **甘蔗薑汁**：中醫認為，甘蔗性寒，味甘，有止嘔功效。將約三十公分的長甘蔗一段和花生米大小的生薑一塊一起榨汁。每天早起飲用一杯甘蔗薑汁，可緩解孕吐，但是切忌過量，以免刺激胃部分泌更多胃酸。

◆**中藥**：《太平惠民和劑局方》上記載可食用二陳丸。

病理4：氣陰兩虛

◆**表現症狀**：嘔吐頻繁劇烈，疲倦無力，眼眶下陷，身體漸瘦，口乾咽燥，小便少而大便乾，舌苔該黃或花剝，舌質發紅，脈細數無力。

◆**緩解方法**：益氣養陰，調和脾胃。

◆**食法**：

糯米湯：將糯米一百五十公克按照平時的方法熬製成粥，每天吃三次，忌食冷、硬之物。

◆**中藥**：生脈飲（由《內外傷辨惑論》中的「生脈散」衍生而來。）

以上介紹的對症食療和中藥，都需要在專業醫師的指導下服用。如果嘔吐嚴重而持久，嘔吐物中見血絲或膽汁，小便次數變少且色深，大致是因嘔吐過度引發的脫水等症，應當立刻就醫。

懷孕第三個月：主養「手心主脈」

在傳統醫學中，「手心主脈」指心包經。懷孕三個月，準媽媽的諸多反應與需求都與心包經有關。所以，這個月養胎就要注重對心包經的滋養。徐之才認為：「妊娠三月，名始胎。此時未有定象，見物而化。欲生男者，操弓矢，欲生女者，弄珠璣，欲子美好，數視璧玉，欲子賢良，端坐清虛，是謂外象而內感者也。是月手心主脈養胎，不可針灸其經。屬心。毋悲哀思慮驚動。」在這段理論中，提到了以下幾點需要注意之處。

注意行為舉止，多看美好的事物

傳統中醫認為，人與外界事物之間有感應，經常接觸美好的事物，就會受到美好事物的影響，心情愉悅。反之，如果經常接觸惡俗邪物，人也就會受到那些惡俗邪物的影響，整日心情陰鬱煩躁。

感於善則善，感於惡則惡，加上胎兒與母親之間的感應很強烈，母親的所見所聞所感都會影響胎兒，所以在胎兒成長的關鍵期，準媽媽為了胎兒有好的儀容、情志、品行，應該注意自己的言行舉止，避免影響胎兒。要做到舉止端莊，不可有惡念，不要與人爭執。

徐之才建議孕婦應當每天賞玩美玉，欣賞美好的事物，以此保持心情愉悅。對於現代人而言，可以在家中懸掛漂亮的嬰兒圖片，五臟六腑的精氣聚集在眼睛，眼睛看到的都是美好的食物，則氣調胎安，這樣生出來的胎兒容貌就會漂亮，這也是因為「外象而內感」。反之，整天看到的都是一些惡俗邪物，就會影響到胎兒容貌的發育。

除了看，聽也很重要，孫思邈在《千金要方》中建議，孕婦在懷孕三個月時，可「彈琴瑟，調心神，耳不聽淫聲」。現代醫學也認為，動聽的音樂可以調節情緒、陶

治情操，對胎兒和準媽媽的身心健康都很有幫助。如果準媽媽整天看一些恐怖片、悲情片，或整日聽到吵吵鬧鬧的聲音，難免就會心情激動、緊張、生氣，影響經脈，對胎兒沒有好處。

孫思邈在《千金要方》中建議，孕婦應該「居必靜坐，清虛和一，坐無邪席，立無偏倚，行無邪徑，目無邪視，耳無邪聽，口無邪言，心無邪念」。

保持愉悅心情，遠離壞情緒

懷孕三個月，主心包經，而心包經主喜樂，這時懷孕的女性應當注意愉悅心情，避免受到壞情緒滋擾。前文中我們已經說過，中醫認為壞情緒對人的傷害很嚴重。現代研究也證實，有相當一部分流產和孕婦中樞神經興奮脫不了關係。

《產孕集》說：「孕藉母氣以生，呼吸相通，喜怒相應，一有偏倚，即致子疾。」懷孕的時候不能受到驚嚇，因為恐懼的情緒傷肝，可能會導致胎兒出生後患上先天性的癲癇症；懷孕的時候不要鬱鬱不樂，鬱悶傷及脾胃，必然會導致氣血不足，胎兒得不到足夠的氣血滋養，生長就會受到影響，嚴重者還可能會在出生後患上肺部疾病；懷孕的時候不能生氣，人生氣的時候血氣就會升騰到頭部，這樣胎兒就得不到足夠的氣血供應，將來可能會變成一個脾氣暴戾的人。

同樣的，思慮過重會導致腦部血流量增加，胎兒需求得不到滿足，自然就會影響生長，所以，良好的情緒是胎兒成長所必須的條件之一。

建議準媽媽盡量不要去看那些會讓自己產生恐懼的書籍，也不要去看那些關於胎兒流產、畸形之類的新聞，更不要自己嚇自己，要相信自己和寶寶的能力。

從受孕開始就確定了胎兒性別

中醫認為，懷孕三個月是胎兒分化成男女的關鍵時期，雖然徐之才說到了生男生女的抉擇辦法，「欲生男者，操弓矢，欲生女者，弄珠璣」，然而並沒有證據證明這個方法準確有效。

西醫認為，懷孕三個月的準媽媽體內的激素水準對胎兒的生殖系統發育有至關重要的作用，有些迫切想要生男孩的準媽媽便求人開出一些換胎藥，結果這種不恰當使用激素的方法，導致了極為嚴重的後果，有時甚至會出現生殖器畸形，給孩子和父母帶來巨大的痛苦。

其實，現代醫學早就已經證實，胎兒是男是女，在受孕的時候就已經由基因和染色

體所決定，所以後期再做調整也無法改變胎兒性別。

懷孕三個月是流產的高峰期，懷孕的女性在這個月更應該注意飲食和行為，避免攝入污染物，生活作息要規律，不可勞累，及時補充營養，保證氣血充足可以養胎。

在這個月份，準爸爸和準媽媽依然要避免行房，以免造成嚴重的後果。

懷孕早期的飲食宜溫補

在懷孕早期，懷孕的反應較為嚴重，脾胃功能也有所影響，所以在這一階段，飲食以清淡為主，勿食辛辣腥膻之物，注意營養多樣化，以減少懷孕早期的反應並滋補氣血。

古代的中醫典籍中，提到了不少關於孕期飲食的注意事項。如《萬氏婦人科》中說：「婦人受胎之後，最宜調飲食，淡滋味……寒熱交雜，子亦多疾。」古代中醫典籍上也提到了一些妊娠早期孕婦飲食餐單，接下來我們就挑選一些簡單實用的食材，並結合現代營養學加以介紹。

懷孕早期宜食用的食材

- **桑椹**：桑椹味甘，性寒，可補血健胃，安神益壽，適合孕期食用。可以加冰糖少量，以水一千公克煮至五百公克，即可去渣飲用。
- **豆腐**：味甘，性涼，可生津潤燥、健脾益氣、清熱解毒。
- **扁豆**：可健脾養胃，補氣清熱，適合肺虛者食用，可以緩解疲勞，強身健體。
- **蓮子**：中醫認為，蓮子是一種滋補元氣的珍品，適合失眠、體虛者食用。
- **黑芝麻**：中醫認為，黑芝麻味甘，性平，入肝、腎、大腸經可，補肝腎，益精血，潤腸燥，防便祕，適合孕期食用。
- **葡萄**：性平，味甘酸，入脾、肺、腎經，可滋補氣血、強筋骨、益肝腎、生津液。
- **檸檬**：性平，味酸，入脾、胃、腎經，可安胎祛暑、生津止渴，對孕婦中暑或胎動不安有預防作用。

除了這些，很多米麵雜糧、瓜果蔬菜都可以作為懷孕早期的食物，食用時要注意陰陽均衡，盡可能避免過多高脂、高鹽、高糖，順應自然，少喝飲料，多吃天然食物。

孕期不宜食用的食材

進入孕期，準媽媽體內的血流量增加，腸胃功能減弱，消化能力降低，加之生殖系統多處在擴張充血的狀態，孕婦體內多有內熱，如果再服用一些溫熱性的補藥、補品，勢必會導致孕婦體內內熱加重，血熱妄行，陰虛陽亢，氣機失調，加重孕吐、便祕等症狀。懷孕後期還可能會引發高血壓、水腫等，更嚴重的，還會引起流產或死胎。

溫熱類的補品包括桂圓、荔枝、鹿茸、鹿胎膠、鹿角膠、人參、胡桃肉等，這些食物在孕期都要少吃或不吃。如果孕婦有頭暈、耳鳴、怕冷

等體質虛寒之症，就可以吃一些溫熱的補品（具體情況遵醫囑），如：

- **黑木耳**：黑木耳味甘，性平，有小毒，《生生編》中認為，木耳乃由朽木所生，有衰精冷腎之害，還可活血化瘀，對於胎兒的穩固和生長是很不利的。
- **杏子**：杏子味酸，性大熱，且有滑胎作用，為孕婦之大忌。
- **薏仁**：味甘淡，性微寒，可健脾除痹，清熱排膿，現代醫學也認為，薏仁有增強免疫力之功用，但是，《飲食須知》中說：薏仁「以其性善者下也，妊婦食之墜胎」，《本草經疏》也將其列入「妊婦禁用」的行列。現代醫學認為，薏仁對子宮肌肉有興奮作用，能促使子宮收縮，因而有誘發早產的可能，尤其是那些體質虛寒懷孕的女性，更要忌服。
- **馬齒莧**：性寒涼而滑利，可做藥材也可做食材，對子宮有明顯的刺激作用，易造成早產。
- **山楂**：性微溫，味甘酸，可消積化食，促進消化，又有活血化瘀、誘發子宮收縮，對安胎、固胎有不利影響。現代醫學也認為，山楂可促進子宮收縮，如果食用過多，輕者胎動不安，重者還會引起流產。
- **大麥芽**：性涼，味甘鹹，是著名的止乳之方，有滑腸和下行之用，可催產，所以不適宜在孕期食用。

• 菠菜：性涼，懷孕早期脾胃虛弱，不適宜食用太多菠菜，否則可能會引起腹瀉。現代醫學也認為，菠菜中含有的鐵質很少、草酸很多，草酸很容易與人體內的鈣質結合，產生不能被人體吸收的草酸鈣，影響準媽媽和胎兒對鈣質的吸收，所以要少吃菠菜。

• 西瓜：味甘，性寒。有清熱解暑、利尿之效，然而孕婦在懷孕早期時，大多脾胃虛寒，吃太多西瓜可能會導致腹瀉。

• 茄子、木耳菜、莧菜、海帶、慈菇等食物：都要盡可能不食用，桂皮、花椒、胡椒等熱燥調料也要少吃。

如果準媽媽想喝點飲品，除了湯粥之外，可以喝一點杜仲、檸檬茶等溫和之物。決明子茶、紅棗茶、當歸黃耆茶、花草茶等都會造成子宮收縮、出血；紅茶、綠茶等會妨礙胎兒生長，要避免飲用。

靈芝粥

功效

此方出自《婦女藥膳》，早晚服用可補中益腎，對胎兒和準媽媽都很有益處。

材料

白米100公克、靈芝20公克、核桃仁20公克、鹽少許

作法

1.將靈芝洗淨切小塊，核桃仁加水浸泡，剝去褐色外衣。

2.將白米、靈芝塊、核桃仁一併加入鍋中，加200毫升水熬製成粥，待湯粥變濃時加少許鹽調味盛出，待溫度適宜的時候即可食用。

酥蜜粥

功效

此方出自《本草綱目》，酥油可「益虛勞，潤腑臟，澤肌膚，和血脈」是補益氣血、滋養五臟之物。蜂蜜可滋陰潤燥、健脾潤肺。兩者同煮，可以補益氣血，滋養五臟。

材料

白米50公克、酥油30公克、蜂蜜15公克

作法

將白米加200毫升的水熬製成粥，然後加入酥油和蜂蜜稍煮，關火盛出，溫度適宜時即可食用。

甜漿粥

功效

此方出自《本草綱目拾遺》，大豆（黃豆）味甘，性平，可補虛潤燥，製成豆漿後更易消化吸收。所以懷孕早期食用甜漿粥可以補虛羸、健體魄。

材料

白米50公克、黃豆100公克、白糖少許

作法

1.將黃豆泡軟加200毫升水打製成豆漿，待用。
2.將白米加200毫升水熬製成粥，然後加入打好的豆漿，煮沸後關火，放少許白糖調味盛出，待溫度適宜的時候即可食用。

懷孕早期出現小產徵兆的處理方法

傳統醫學認為，整個孕期之中，懷孕兩、三個月是關鍵時期，也是最容易發生意外的時候，雖然大多數人都能平平安安地度過整個孕期，但是依然有一部分的準媽媽會在孕期出現異常情況，這時一定要格外注意，尤其是那些已經出現先兆流產症狀或有習慣性流產情況的準媽媽。

從表象做出初步判斷

事實上，孕期出血、腹痛等情況的出現，並不就意味著胎兒不保，只要分析情況並對症下藥，依然可以轉危為安，讓胎兒在母親體內待到適當時候平安出世。

中醫認為，在懷孕四個月之前出現的陰道少量出血，或同時出現的腰痠、腹痛、腹墜等現象，為墜胎、小產的前兆。

準媽媽可以透過陰道出血的顏色初步判斷自己的情況，一般來說，血液顏色為褐色的話，表示出血已停止，只需要臥床休息數日即可。如果血液的顏色為鮮紅色，就表示出血正在進行，要立刻趕往醫院，請醫生診治。

孕期出現腹痛，情況也有所不同，一般來說，子宮內孕先兆流產的疼痛感給人的感覺是如同生理期時的腰痠、下腹疼，而子宮外孕的疼痛則屬於腹部劇痛，痛得人臉色發白，心跳速度加快，同時伴隨腹內出血。

此外，還有一種懷孕早期出血，中醫稱之為「激經」，《沈氏女科輯要箋正》說：「妊娠經來（激經）與胎漏不同，經來是按期而至，來亦必少，其人血盛氣衰，體必肥壯。胎漏或因邪風所迫，或因房室不節（性生活過度），血來未必按期，體亦未必肥壯。」

也就是說，有些女性在懷孕之後依然會有生理期，只是量比較少，如果在醫生確認確實為激經之後，就無需再做治療。當然無論是哪種情況，都應該及時告訴醫生，讓醫生憑藉專業知識給予指導和幫助。

尋求專業醫生的診斷與建議

在有流產先兆的現象出現時，大多數準媽媽都會要求醫生馬上進行安胎。安胎的確是很有必要的，但是，在此之前，首先要借助現代醫療手段診斷一下胎兒的情況，對發育正常的胎兒才可以進行安胎。

在臨床上，有半數的自然流產都是因為胎兒自身發育異常，依照大自然優勝劣汰

的規律，這些先天性發育有問題的胎兒就會被淘汰，從母親的身體裡流出去。

如果已經確認胎兒停止發育，準媽媽就必須放棄安胎，立刻清理子宮，否則很容易造成子宮內感染，不利母體。或經過檢查，胎兒雖然未停止發育，但是發育異常問題嚴重者，也應該立刻終止懷孕。

如果僅僅是因為內分泌系統出現問題，或準媽媽太過勞累、腹部受傷、情緒太差、由腹瀉便祕等引發的胎動不安和胎漏，就可以立刻進行安胎，大多數情況下是可以成功的。

中醫教你如何防小產與安胎

散步、多多臥床休息

準媽媽在懷孕的早期，也就是第一個月到第三個月，在生活和工作上，都要盡可能的讓自己輕鬆一些，不適宜高強度的活動，要保證足夠的休息，並適當的運動。

在運動時，切忌避免劇烈的活動，也不要長時間站立、蹲著，更不要有伸腰、舉高之類的拉伸動作。如果不確定什麼樣的運動最適合自己，那麼每日散步二十至三十分鐘會是比較安全的選擇。

有過習慣性流產史的準媽媽，更應該小心謹慎，多臥床休息。如果身體有不舒服，最好不要進行任何活動，包括散步在內。在睡眠的時候，最好選擇右側睡，並且要注意別睡太軟的床！

傳統中醫認為，「軟床不解乏」，準媽媽在懷孕期間，主要選取側臥姿勢，若是床墊過於柔軟，會使脊柱產生歪曲，造成腰背痠痛，產生身體不適的感覺。

臥床的時間也應控制在合理範圍，每日不要超過十小時為宜。在身體狀況允許的時候，還是建議準媽媽盡量有適當的運動，避免因長期臥床造成氣血凝滯，對胎兒發育不利。

注意心態平和，不要緊張、抑鬱、驚恐

前面我們已經說過壞情緒對妊娠的影響，很多準媽媽出現流產先兆之後，便控制不住驚慌失措的情緒，結果這類負面情緒只會讓不良情況進一步惡化。所以，最好還是不要想太多，保持心態平和，懷孕女性所要做的，就是根據醫生的囑咐調理身體。正向的念頭，帶來正向的結果，準媽媽們應多想好的事情，想自己的小孩是多麼健康，相信並聽從醫生的囑咐。

你要知道的中醫保胎古方

出現胎漏、胎動不安等情況，西醫一般採用為準媽媽注射黃體素的辦法保胎，而在中醫上，則更講究從根源上對症用藥。

中醫認為，造成胎漏、胎動不安等情況的原因，大多為沖任不固，血氣不足，難以養胎，而之所以會產生沖任不固，原因主要為以下幾種。

Q&A百寶箱

究竟輻射會不會影響胎兒發育？

中醫認為，輻射屬熱毒，熱毒入侵人體必然會造成損陰傷氣，嚴重者可能會損傷氣血生化之源的脾臟，而脾臟受損，則又會導致人體骨髓造血的能力減弱，漸漸出現氣陰兩虛之症。一般人尚不覺得，但是對孕婦來說還是有一定影響。所以，準媽媽應該注意在懷孕期間防止輻射的相關資訊。

準媽媽想要防輻射，可以多吃一些有助於提高免疫力的食物，譬如綠葉蔬菜、動物外皮和骨髓等，此外還有黑芝麻、紫莧菜、番茄、紫菜、紅葡萄、海帶、綠豆、大蒜、胡蘿蔔等。

腎虛型

胎兒在母親腹中，全靠母體氣血所養，如果母體腎氣不足，則不足以保護胎兒，如果準媽媽在孕後依然保持性生活，也會導致腎氣損耗，胎失所養，就有可能會引起胎漏、胎動不安。

表現出的症狀主要是：陰道少量出血，血色較暗淡，下腹墜痛，腰痠，有時還會出現小便頻繁、頭暈、耳鳴等症，舌苔發白、舌質淡，脈沉滑。這種情況之下，保胎就要以補腎、固沖任為先，可以採用《醫學衷中參西錄》中的壽胎丸加黨參、白朮等進行保胎治療，具體方劑如下：

處方

菟絲子15公克、枸杞15公克、桑寄生15公克、覆盆子15公克、川續斷15公克、阿膠20公克、益智仁3公克、黨參10公克、白朮10公克，以水煎服，每日一劑，早晚各煎服一次。

氣血虛弱型

母體虛弱，或因妊娠反應太過劇烈，造成了氣血生化不足，難以養胎。表現出的症狀主要是：陰道少量流血，血色淡紅，質稀薄，疲倦乏力，臉色發白，心悸氣短，舌質淡，舌苔薄白，脈細滑。

在這種情況下，保胎就要以補氣養血固腎為本，可以採用《景嶽全書》的胎元飲加減進行治療，具體方劑如下：

處方

黨參15公克、熟地各15公克、白朮10公克、白芍10公克、杜仲10公克、桂圓肉10公克、陳皮6公克、炙甘草6公克、黃耆20公克、阿膠20公克，以水煎服，每日一劑。

血熱型

造成母體血熱的原因有三，一為天生火旺，二為喜食辛辣燒烤之物，三為脾氣狂躁易怒。

表現出的症狀主要是：陰道少量出血，血色鮮紅，血質黏稠，心情煩躁，口乾咽燥、大便祕結，小便短黃，舌發紅，舌苔黃且乾，脈滑數。

在這種情況下，保胎就要以滋陰清熱養血為主，可以採用《景嶽全書》的保陰煎加味進行治療，具體方劑如下：

處方

山藥20公克、生地10公克、熟地10公克、白芍10公克、續斷10公克、黃柏10公克、黃芩10公克、苧麻根10公克、阿膠10公克、生甘草3公克、女貞子15公克、旱蓮草15公克、菟絲子15公克。以水煎服，每日一劑。

虛寒型

母體為陽虛體質，造成胎兒溫養不足，進而出現流產跡象。表現出的症狀主要是：陰道少量出血，血色較淡，臉色發白，四肢發冷，或伴有腰腹冷痛、疲倦乏力等症。

在這種情況下，保胎就要以溫經養血為主，可以採用《濟陰綱目》的當歸寄生湯加減治療，具體方劑如下：

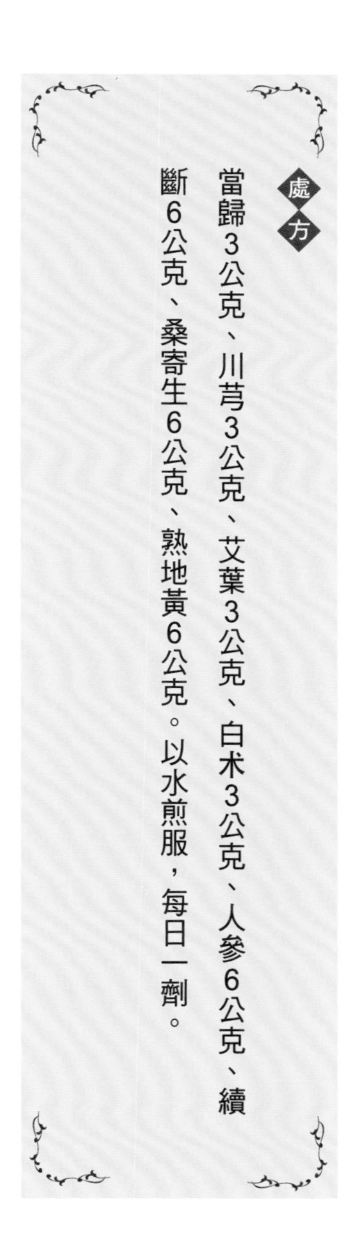

處方

當歸3公克、川芎3公克、艾葉3公克、白朮3公克、人參6公克、續斷6公克、桑寄生6公克、熟地黃6公克。以水煎服，每日一劑。

外傷型

母體懷孕後，因外傷或勞累過度造成氣血損耗、沖任不固，表現出的症狀主要是：腰痠，小腹墜脹，脈象正常，或伴有陰道少量出血等症，在這種情況下，保胎就要以補氣和血、固攝胎元為先，可以採用《蘭室祕藏》卷下《醫宗金鑒》中的「聖愈湯」加味治療，具體方劑如下：

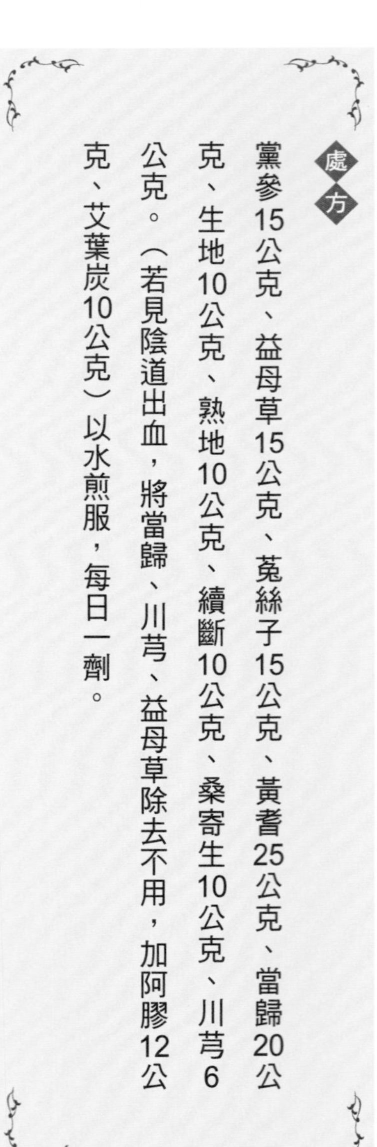

處方

黨參15公克、益母草15公克、菟絲子15公克、黃耆25公克、當歸20公克、生地10公克、熟地10公克、續斷10公克、桑寄生10公克、川芎6公克。（若見陰道出血，將當歸、川芎、益母草除去不用，加阿膠12公克、艾葉炭10公克）以水煎服，每日一劑。

症病型

症病類似於西醫所說的子宮肌瘤等疾病，表現出的症狀主要是：陰道出血量大，色澤發黑，小腹拘急，胸腹脹滿，皮膚粗糙，口唇發乾。治療的時候要以祛瘀化症為要，可採用《金匱要略》中的桂枝茯苓丸加減進行治療，具體方劑如下：

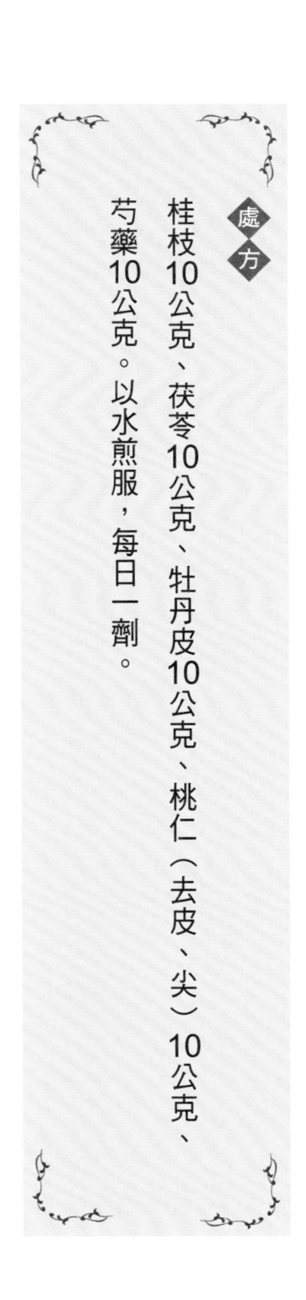

處方　桂枝10公克、茯苓10公克、牡丹皮10公克、桃仁（去皮、尖）10公克、芍藥10公克。以水煎服，每日一劑。

需要注意的是，以中醫保胎，必須首先排除子宮外孕的情況。另外，以上所列方劑，皆需在專業醫師的指導下對症下藥，有時造成流產先兆的原因是多種交織的，準媽媽為了自己和胎兒的安全，還是謹慎為上。

以下我們對多種常見保胎中藥重要功用做簡單的介紹，方便準媽媽按個人需求食用。

- 砂仁：性溫，味辛，入胃、腎和脾，可行氣化濕、和胃醒脾、溫中止瀉、止嘔、安胎。適用於妊娠初期胃氣上逆所致之胸悶嘔吐、胎動不安等。
- 阿膠：性平，味甘，可補血滋陰、止血、潤燥、安胎。
- 杜仲：性溫，味甘，可補中，益精氣，堅筋骨，補肝腎，安胎。
- 山藥：袪寒熱邪氣，補中益氣，健脾胃，止瀉痢，鎮心神，安靈魂，補五勞七傷。
- 桑寄生：性平，味甘，入心、腎二經，可益肝腎、強筋骨，可預防胎動不安，崩漏下血。
- 菟絲子：性溫，味甘，可補腎養肝，對因肝腎不足引起的胎動不安有治療作用。
- 黃芩：味苦，性寒。入肺、膽、脾、胃、大腸、小腸經，有清熱燥濕、瀉火解毒、止血安胎。
- 艾葉：性溫，味辛、苦，入肝、脾、腎經。可溫經止血、調經、安胎，對虛寒性胎漏下血、胎動不安有很好的療效。
- 白朮：性溫，味甘，入脾、胃經，可健脾益氣、燥濕利尿、和中安胎。
- 續斷：性微溫，味苦、辛，可補肝腎、強筋骨、安胎、生新血、破瘀血，可治由肝腎虛弱、沖任失調引起的胎動欲墜。

part 2 懷孕一至三個月的安胎需知

【中醫保胎經典食療方】

出現胎漏、胎動不安，或有滑胎之虞等現象，首先要在醫生的指導下進行治療，然後根據醫生的叮囑，經由食療或藥療進行調理。我比較建議盡量使用食療法安胎，食療不但可以補強母體，還避免用藥帶來的副作用，相對來講，是比較安全的保胎方法。

這裡提供一些中醫裡比較常用、有效的食療方，準媽媽們可以根據自己的實際情況選用：

艾葉雞蛋湯

功效

滋陰補腎，安胎，對屢孕屢墜的滑胎者有一定效果。

材料

艾葉50公克、雞蛋2個、白糖少量

作法

1.艾葉洗淨，放入鍋中，加800毫升水，煮沸後開小火煎熬至400毫升。

2.將雞蛋打散，倒入鍋中煮熟，加入白糖調味即可。

阿膠雞蛋湯

功效

滋陰補血，安胎潤燥。

材料

阿膠10公克、雞蛋1個、鹽少許

作法

1.將阿膠以水化開，雞蛋倒入碗中打散。

2.將化好的阿膠水倒入鍋中，煮至沸騰，然後倒入蛋液體打散。

黑豆糯米粥

功效

補血益氣安神，養胃健脾滋陰。

材料

糯米100公克、黑豆50公克

作法

1.將黑豆、糯米洗淨，放入鍋中。

2.將300毫升水倒入鍋中，煮沸後轉小火，煮至黏稠，即可盛出食用。

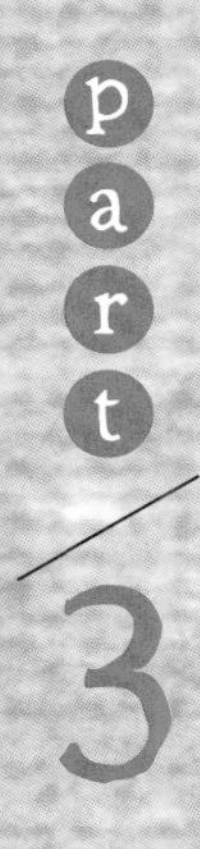

part 3 懷孕四至六個月的安胎需知

懷孕中期，胎兒經歷了與準媽媽的磨合期之後，開始喜歡這個新環境，準媽媽也告別了因為懷孕而噁心、嘔吐等種種不適，胃口大開，但是，養護胎兒的工作一刻都不可以鬆懈。

懷孕四個月，主養「手少陽脈」

在傳統醫學中，「手少陽脈」指三焦經，懷孕三個月，孕婦的諸多反應和需求都與三焦經有關，因此要特別注重三焦經的滋養。

徐之才認為：「始受水精以成血脈，食宜稻，宜魚，是謂盛血氣，以通耳目，而行經絡。是月手少陽脈養胎，不可針灸其經。內輸三焦。此時兒六腑順成，當靜形體。和心志，節飲食。」根據這段理論，結合歷代醫家觀點，在懷孕四個月時，準媽媽需要注意以下事項：

胎兒的五臟六腑生長期，準媽媽要有好心情

懷孕的第四個月，大多數的準媽媽都已經告別懷孕早期的各種不適，小腹開始漸漸凸起。對於胎兒來說，胎盤已經形成，五臟六腑正在生成，血脈也漸漸貫通，三焦經的主要作用就是將五臟六腑連接起來。所以，此時養胎的重點是對三焦經的養護，才能保證胎兒五臟六腑正常健康的發育。

我們經常說人有五臟六腑，那麼什麼是五臟六腑呢？簡單地說，五臟六腑是人體

內主要器官的統稱，心、肝、脾、肺、腎為五臟，而膽、胃、大腸、小腸、膀胱、三焦六部為「腑」。

六腑中的「三焦」，也分為三部分，分別為上焦、中焦和下焦，上、中、下三焦的功能，就好像是身體的管家，負責調整人體各個臟器之間的合作關係，將全身上下的氣血和能量進行合理的分配。

在胎兒五臟六腑的成長關鍵期，一定好要養護好三焦經，才能保證身體內氣血的分配平衡，讓媽媽體內的氣血足以供給胎兒的生長。只有準媽媽情志健康、心態平和，才能讓三焦經順暢自如的運行。

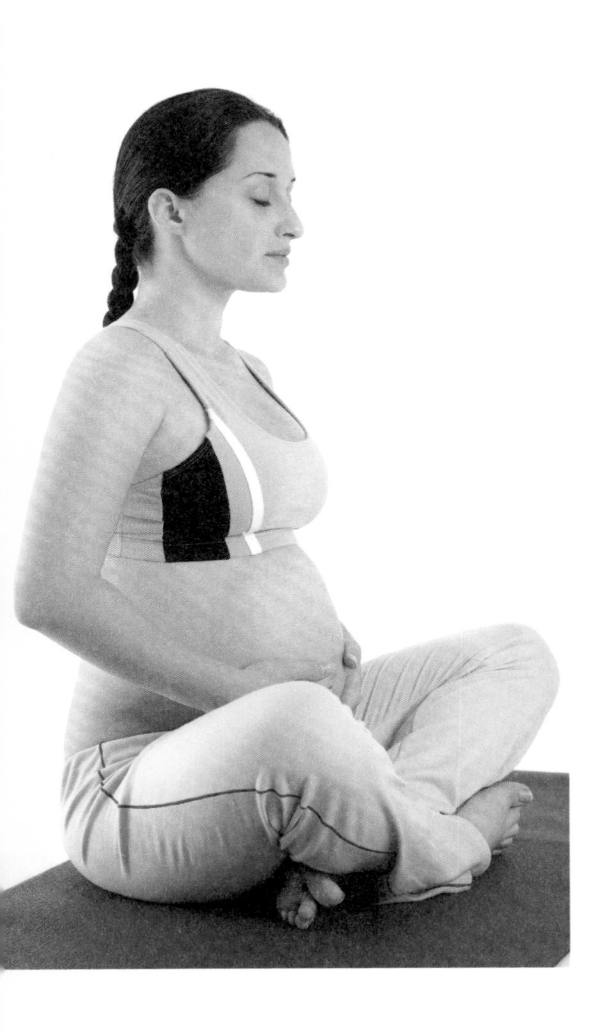

飲食要注意五味和合，營養豐富

在胎兒五臟六腑生成的關鍵期，飲食上要提供對胎兒的營養供給，《五臟生髮》中說：「多食鹹，則脈凝泣而變色；多食苦，則皮槁而毛拔；多食辛，則筋急而爪枯；多食酸，則肉胝皺而唇揭；多食甘，則骨痛而發落。此五味之所傷也。故心欲苦，肺欲辛，肝欲酸，脾欲甘，腎欲鹹。此五味之所合也。」這段話的意思就是，吃飯的時候，吃得過鹹、過辣、過酸、過甜，都是不好的。

鹹的東西吃得太多，會造成血脈的阻塞，影響氣血在身體內的運行。從外在的癥狀來看，往往會是準媽媽臉色發黑，常出現心慌、氣短、胸口疼痛等症狀。

女性懷孕後，身體溫度比平時高一些，於是有不明真相的準媽媽會誤解自己體熱上火，而專門吃苦味食物以調理身體。在很多醫學保養書中，都會建議多吃苦味的食物，因苦味食物的清熱效果好。

傳統中醫認為，苦味的食物可以吃，但不宜過多，因其大多十分寒涼，吃過多苦味食物會造成皮膚乾燥、毛髮脫落、咳嗽帶痰。

辛辣的食物可以補肺氣，但吃太多會很傷肝，造成肝血不足。準媽媽們因為吃了較多的苦味食物而傷了肺氣時，可以適當吃點辛辣食物進補肺氣。不過辛辣之物仍不宜吃太多，否則會造成視力目眩、頭暈目眩、指甲乾枯等肝血虛的症狀。

不少準媽媽在孕期都嗜吃酸，酸味的東西吃得太多，會造成角質的變厚。《五臟生髮》中所提到的「肉胝皺而唇揭」，指的是嘴唇起皮，缺乏光澤。說話聲音小，感覺氣虛，雖然沒有吃很多，但總覺得胃脹，同時大便很稀，都是吃酸味食物過多可能造成的症狀。

甜味食物一直很受女性歡迎，有不少在孕期心情抑鬱的準媽媽喜歡吃點甜食讓自己心情好起來。這樣的做法是可以的，但要注意適量。甜食吃太多，頭髮會脫落、缺乏光澤。懷孕時腰腿的負擔會隨著胎兒的生長越來越重，吃太多甜食會引起腎虛，腰腿痠軟，增加身體負擔。

孕期食補很重要，但一定要根據自己的身體選擇「適量」。為了胎兒的健康，準媽媽要飲食均衡，不能過於偏愛某一種味道。

白米是最好的主食

懷孕的第四個月，準媽媽身體內的氣血要分出去更多的部分滋養胎兒，為了補充

營養，準媽媽會胃口大開，所以，要注意腸胃的保護，不可以吃太多難以消化的食物，飲食要精熟且易於消化。

胎兒在準媽媽肚子裡，性屬「陽」，所以大多數中醫孕產書中，都會講準媽媽不宜食用太多熱性的食物。許多準媽媽覺得很煩惱，到底什麼食物精熟、非熱性，又易消化。其實，「白米」就是最好的選擇。

白米味甘，性涼，可以避免熱上加熱，虛火上升，而且每天都可以食用。在食用白米的同時，準媽媽也可以吃一些時令果蔬，一方面可以補充多種營養，另一方面也可以避免懷孕嘔吐現象的繼續。在各種白米製成品之中，尤以白米為上。

運動適宜，注意不要過度

懷孕四個月，大多數的準媽媽都已經開始適應懷孕的狀態，精神和食欲都變得好起來，加上這個時期胎兒的狀況基本已經穩定，與懷孕初期相比，少了很多令人擔心的因素，所以許多愛美的準媽媽為了防止自已變胖，便將運動列入日常的進度中，在運動過程裡會出現一些小狀況，譬如腰痠——當準媽媽走得太多，或運動得太多的時候，腰部就會痠痛。

為什麼會痠痛呢？答案很簡單，因為胎兒所處的子宮，位於三焦之中的下焦，隨著寶寶生長月份的增加，胎兒就會壓迫下焦，影響主生殖的腎，所以就會感受要腰痠。所以，即便是條件許可，運動量也要注意適度。如果準媽媽經常需要做些體力勞動，可以吃一些滋補腎陽的食物，譬如黑豆和雞蛋等。

懷孕四個月時還需要注意，胎兒的性生殖器官已經發育形成，透過儀器已經可以看出胎兒的性別，有些好奇心重的準媽媽急著用儀器檢查一下胎兒，還有一些準媽媽總是擔心胎兒的發育情況，所以每隔一段時間就會用儀器檢查一下胎兒的狀況。

準媽媽關心寶寶當然沒有什麼不妥，但是，許多大型儀器的輻射都很強，而高強度的輻射會聚集熱度，對胎兒發育不利，所以，除非有必要，最好還是避免接觸太多儀器，尤其是在懷孕三到四個月內。

懷孕五個月，主養「足太陰脈」

在傳統醫學中，「足太陰脈」指脾經，懷孕五個月時，孕婦的諸多反應和需求都與脾經有關，這個月養胎就要注重脾經的滋養。

徐之才認為：「始受火精以成其氣，臥必晏起，沐浴浣衣，深其居處，濃其衣服，食稻粱，羹牛羊，和以茱萸，調以五味，是謂養氣以定五臟。是月足太陰脈養胎，不可針灸其經。屬脾。此時兒四肢皆成，毋太饑飽，毋食乾燥，毋自炙熱，毋太勞倦。」

根據這段理論，結合歷代醫家觀點，在懷孕五個月時，準媽媽需要注意以下事項：

起居規律，滋養氣血

懷孕五個月時，胎兒已經發育成一個完整的小人，胎盤形成，羊水逐漸增多，準媽媽的肚子在這時候已經鼓了起來，準媽媽會第一次感受到胎動，有時用手觸摸，還能感受到有一隻小拳頭在輕輕地敲打準媽媽的肚子。這個時期脾經當令，所以養胎要以養脾經為先。

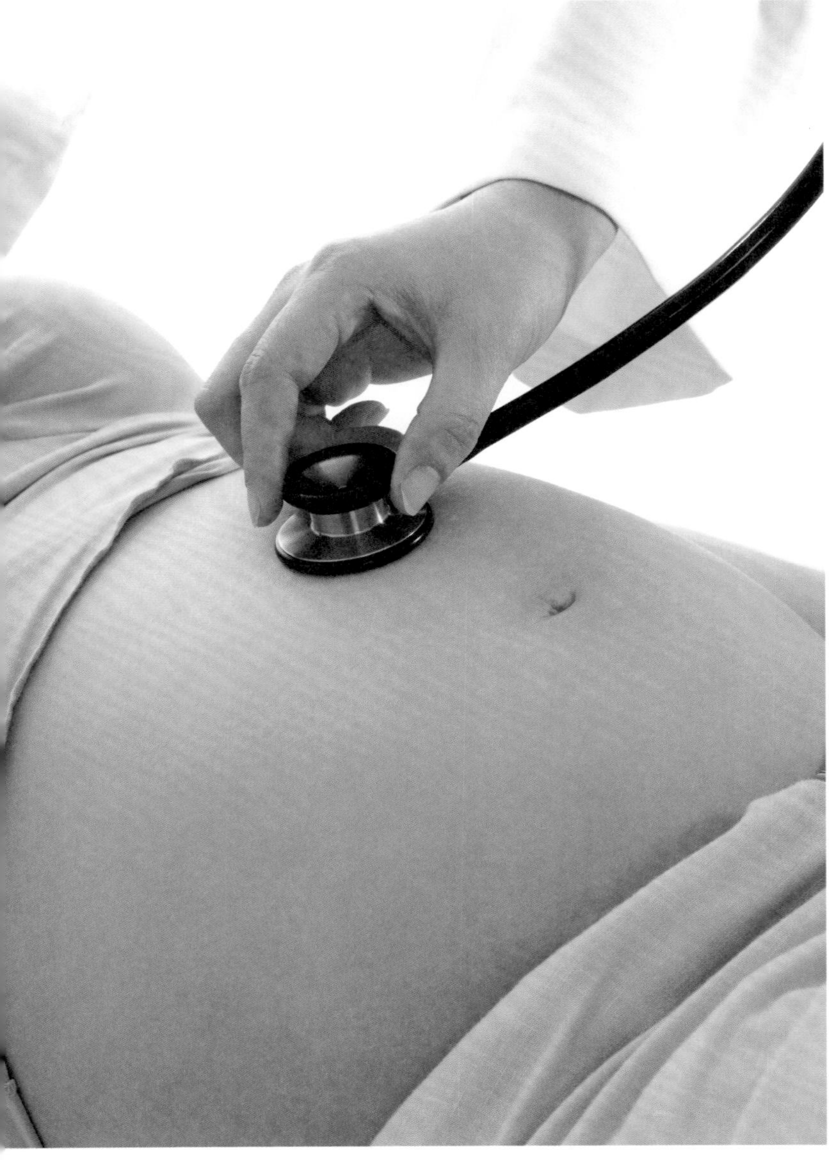

脾在人體內主要有兩個作用，一個是轉化運輸營養，脾對營養的轉化運輸要依賴脾氣升清和脾陽溫煦，《醫學三字經・附錄・臟腑》中說：「人納水穀，脾氣化而上升。」如果脾的轉化運輸功能很強，身體的消化吸收功能就很好，全身的腑臟營養充足。但是，如果脾經功能不好，就會出現腹脹、便溏、倦怠、氣血不足等情況。

脾經的另一個功能就是生血統血，《醫碥．血》中說：「脾統血者，則血隨脾氣流行之義也。」脾為後天之本，氣血生化之源。如果脾功能不好，就會出現血液虧虛、頭暈眼花、臉色蒼白無血色等表徵。

胎兒在母體內依靠母親的血養護，如果準媽媽脾經運化有問題，胎兒就得不到足夠的血液營養供給，便會影響生長，所以，懷孕五個月時一定要注意脾經的保養。

在起居上，準媽媽要有足夠的睡眠，早睡晚起，以保證氣血對胎兒的滋養。不可太過疲累，注意清潔，經常洗澡沐浴，衣服要經常換洗，給胎兒和自己一個良好舒適的環境。

準媽媽也要注意控制自己的情緒，《黃帝內經》中說「思傷脾」，遇事不要想太多，一切順其自然，以免造成脾氣鬱結，運化失常，影響胎兒的生長發育。

適當增加戶外活動時間，多曬太陽

懷孕五個月正是胎兒骨骼、牙齒生成的關鍵時期，準媽媽要注意鈣質補充。傳統中醫中講「朝吸天光，以避寒殃」，意思就是要經常曬太陽，以增加身體的抵抗力，趨避寒邪。

曬太陽是最好的補充鈣質的方法。在古時候，雖然沒有人去刻意補鈣，但是卻依然可以生下健康的孩子，原因就是古人多在日光下勞作，所以無需專門補充鈣質。

現代人大都在辦公室裡活動，就需要適當的補充一點鈣，吃一點維生素D，胎兒的骨骼可以正常發育，準媽媽也不容易出現懷孕中、晚期的腿抽筋等現象。

值得注意的是，補鈣需注意適量，不可服用過多，以免造成高血鈣症，如果胎兒補充了太多鈣質，就會造成胎兒頭部骨骼閉合過早，對順產造成不利影響。所以，在有條件的情況下，最好是利用天然的條件去補鈣，讓胎兒獲得自然的滋養。

飲食以滋補腎經為要，不可吃過多的油膩之物

懷孕五月，胎兒為脾經所養，所以在飲食上要注意滋補脾經。在這一時期，孕媽媽已經完全告別了令人難熬的懷孕反應期，胃口大開，食欲大增，有些準媽媽每天除了吃正餐之外，還會在其他時段加餐，總擔心胎兒營養不夠。

對於大多數準媽媽來說，適當增加用餐次數是可行的，但不宜吃得過飽，以免增加脾胃的負擔，影響脾胃運化氣血的功能。在傳統醫學中，脾經與長夏相對應，長夏屬於六月，六月雨水多，濕氣重，所以脾有一種特性，就是喜燥厭濕；濕邪困脾，難

免會影響脾的功能。所以，飲食上避免食用太多油膩、熱性或容易引起口渴的食物，以免影響脾經的運化。

這一時期，在具體的食物選擇上，可以吃一些穀類和豆類食物，養護脾經，同時適當增加一些高蛋白食物，保證胎兒骨肉的正常發育。

在中醫養生理論中，脾經對應黃色，所以懷孕五月的時候可以適當增加一些黃色食物，譬如柳丁、木瓜、玉米、南瓜、蓮子、黃豆、地瓜等。

另外，有些準媽媽在這一時期會出現頭髮無光澤、落髮嚴重的問題，根據中醫「腎主骨，其華在髮」的觀點，這是準媽媽體內出現腎氣不足的現象，改善這種情況的最好辦法就是經由食物進行調理，核桃、黑芝麻等滋補腎氣的食材，都會對準媽媽滋補腎虛有所幫助。

懷孕六個月，主養「足陽明脈」

在傳統醫學中，「足陽明脈」指胃經，懷孕六個月，孕婦的諸多反應與需求都與胃經有關，這個月養胎就要注重對胃經的滋養。

徐之才認為：「始受金精以成其筋，身欲小勞毋逸，出遊於野，食宜鷙鳥猛獸之肉，是謂變腠理，紉筋，以養其力，以堅背膂。是月足陽明脈養胎，不可針灸其經。

屬胃，主口目。此時兒口目皆成，調五味，食甘美，毋太飽。」

根據這段理論，結合歷代醫家觀點，在懷孕六個月之時，準媽媽需要注意以下事項：

適當運動，不可太過安逸

懷孕六個月，準媽媽的體重會進一步增加，腹部隆起，能很清楚地感受到胎動，胎兒的活動也開始變得頻繁起來，這個時期也是胎兒長筋的關鍵時期。中醫認為，「筋長一寸，壽延十年」。筋長得強韌，孩子就能長壽，而促進胎兒生筋，除了要保證胎兒獲得足夠的營養，還要有適當的運動，

也就是徐之才所說的「身體微勞」，這樣才能更好地生筋。

準媽媽在這一時期要格外注重胃部的養護。脾胃為後天之本，作為生氣生血之所，胃經要能夠供給胎兒足夠的氣血，才能保證胎兒的健康發育。

此外，準媽媽還可以多看看奔跑中的動物，或多多感受生命的力量，《婦人大全良方》中說：「欲微勞，無得靜處，出遊於野，數觀走犬、馬。」奔跑中的狗、馬等動物，都是筋骨強健、力量的象徵，準媽媽外感而內象，胎兒就會得到一種積極的暗示，有助於胎兒筋的發育。

從飲食養護胃經，不宜過飽

中醫認為，氣血的轉化過程是——人吃進食物，然後經由脾胃轉化成氣血，這些氣血就會轉去分別供給身體內的五臟六腑，包括胎兒。《黃帝內經》中說：「中焦受氣，取汁變化而赤，是為血。」由此看出，人的脾胃健壯，使食物正常消化，才能生化足夠的

氣血。

一旦胃經功能受影響，身體內部就會受影響，反應到人的臉上，表現為膚色黯淡無光、臉色萎黃等。所以，飲食上要注意胃經的護理，準媽媽的飲食要保證營養豐富，易於消化，不會損傷胃經，不可吃得過飽，以免損傷脾胃，影響其生化氣血的能力。

以中醫養生學的觀點來看，下列食物歸於胃經，可以滋養胃經，日常飲食上可以稍微側重，例如：綠豆、葡萄、荔枝、胡蘿蔔、山藥、南瓜、地瓜、菠菜、紅棗、桂圓、栗子等，但切記要適量，尤其是過熱或過涼的食物，更是不宜多食。

五味之中，胃經對應的味道為甘甜，懷孕六個月時，適當地增加一些甜食，可以滋補氣血，調理胃經，緩解胃部不適，而最理想的食物，就是紅糖、米粥之類。

懷孕六個月時，隨著胎兒的不斷長大，身體內部多個器官都受到影響，功能相對減弱，尤其是在懷孕中晚期，很多準媽媽都會出現下肢浮腫的情況。準媽媽可以經由逐步減少鹽分的攝入，以及多食用冬瓜、南瓜、紅豆等食材，對日後可能發生的下肢浮腫加以避免和緩解。

懷孕中期是胎教關鍵期

懷孕中期，胎兒的發育已經初具人形，懷孕早期的各種不適症狀已經完全消失，準媽媽的生理和心理狀況都開始好轉，而這一時期也是胎兒發育的關鍵時期，準媽媽應該更加注意自己的言行舉止，對胎兒進行胎教。

胎教關鍵期，準媽媽應注意言行舉止

很多人以為胎教是國外傳入的概念，事實上，中國早在商周時期，古人就已經有了胎教意識。不過和西方只注重聲音的胎教方法不同的是，中國傳統胎教的範圍更廣，不止包括聲音，還包括行動、坐臥等多個方面。

據劉向《列女傳》所載，周文王姬昌之母太任在懷孕的時候「目不視惡色，耳不聽淫聲，口不出傲言，能以胎教。」意思就是眼睛不看邪惡、不正經的東西，耳朵裡不聽淫穢的聲音，說話有禮絕不狂傲。結果「文王生而明聖，太任教之以一而識百，君子謂太任為能胎教」。由此可見，太任在懷孕期間做的胎教，在極大程度上影響了周文王的心智發育，使其不僅聰明且德才兼備。

很多人認為，以準媽媽的言行舉止教育胎兒，並不能為胎兒所見，所以並不能發

揮胎教的作用，唯一可行的胎教方法應該是聲音，因為胎兒在出生前只對聲音有感應。因此很多準媽媽都已經懂得經由音樂做胎教，母親在曼妙的音樂中可以愉悅心情，胎兒也可以在音樂的薰陶下開發智力。

如果僅僅從聲音這個角度對胎兒進行胎教，忽視準媽媽的行為和心理，效果就會大打折扣。對於母親的所作所為，胎兒的確是不可能直接看到，但是，正所謂「孕借母氣以生，呼吸相通，喜怒相應，一有偏奇，即致子疾。」

準媽媽什麼樣的行為舉止就會產生什麼樣的心理變化和情緒變化，胎兒可以清楚的感應到母親的這種變化，如果母親的情緒超過一定的界限，還會引起身體內的氣血流動分配，損害人體的多種臟器，影響胎兒的健康發育。

七情傷胎，準媽媽莫要「驚恐喜思慮悲哀」

傳統中醫認為，母親的各種情緒都會對胎兒的發育產生影響，有中醫理論對此做了專門的論述，《婦人密科》中說到：「受胎之後，喜怒哀樂，莫敢不慎，蓋過喜則傷心而氣散，怒則傷肝而氣上，思則傷脾而氣鬱，憂則傷肺而氣結，恐則傷腎而氣下母氣既傷，子氣應之，未有不傷者也。」

準媽媽如果想要生出一個健康的孩子，懷孕之後就應該控制好自己的情緒，不能大悲，也不能大喜，在準媽媽情緒過度緊張的時候，腎上腺皮質激素飆升，五臟六腑的氣血發生改變，妨礙胚胎組織的發育，可能會引起先天性的唇裂、齶裂、胎兒畸形，甚至可能會引起早產。

相當一部分的流產都和孕婦焦慮、抑鬱的情緒有關，懷孕晚期的抑鬱焦慮還可能會引發難產。《竹林女科》中就有「心有疑慮，則氣結血滯而不順，多至難產」的記載。

情緒過度煩躁可能引發胎兒活動頻率增加，影響神經系統發育，胎兒出生之後情緒會騷動不安，容易哭鬧不休。

所以，準媽媽要從主觀上認識到焦慮、憂傷、恐懼、憤怒等惡劣情緒對胎兒造成危害的嚴重性，懷孕期間一定要注意控制好自己的情緒，遇到突發情況時，首先要為孩子的健康發育著想，盡量保持心情的平和狀態。

準爸爸和家人更應該給予準媽媽足夠的關愛。當然，最重要的還是準媽媽自身對情緒的調節。

平心靜氣，學會主動調整情緒

許多準媽媽懷孕期間會出現噁心嘔吐、腰痠背痛、水腫抽筋等懷孕反應，以及因懷孕造成的行動不便，這些現象都會讓準媽媽苦惱不已，心情自然也就難以開朗起來。

還有些準媽媽因為懷孕之前沒有做好充分準備，結果懷孕之後便總是擔心不已，唯恐胎兒會有什麼毛病。這些擔心和憂慮都是在情理之中的，但是這些壞情緒卻往往會引發「胎病」。所以準媽媽為了孩子的健康，應該修身養性，學會主動調節情緒，以免影響胎兒的健康發育。

其實，據臨床實驗顯示，懷孕早期的噁心、嘔吐反應會因消極的情緒而加劇，所以讓很多準媽媽覺得難以忍受的懷孕反應，有相當一部分其實是由情緒引起的，孕媽

媽想要讓自己的孕期變得更舒適，首先就要有好情緒。如果情緒不好，可以經由下面幾種方法改善：

告誡自己，壞情緒會傷害寶寶的健康，並讓自己的身體變差

當準媽媽在工作或是生活中遇到不順心的事情，或是有些突然變故讓準媽媽覺得難以抵擋，情緒起伏變化很大，壞情緒就控制不住地出現了。這時候，準媽媽就應該告誡自己，壞情緒會對胎兒的發育產生不良影響，現在自己的任務就是養護好寶寶和自己，為了胎兒的健康，什麼都不要放在心中，看開了，心情自然就會平和下來。

堅定信念，相信自己和寶寶都會爭氣

很多準媽媽在懷孕之後就會對漫長的孕期和寶寶的發育情況缺少信心，進而擔心憂慮。《素問・經脈別論篇》中說：「勇者，氣行則已，怯者，則著而為病」，堅定的信念和勇氣必然會讓準媽媽抵抗力增強，減少很多孕期的苦惱，而胎兒感受到媽媽心中的力量，也會展示出其勇敢的一面，健康聰明地來到世上。

情緒轉移，做自己喜歡的事情

準媽媽在整個懷孕期，會因為身體激素水準的變化、腰身變得笨重、對身邊的人或事不滿意、胡思亂想等很多原因產生壞情緒。這時候，準媽媽就應該讓自己轉變一下環境，到郊外走走，看幾部喜劇電影，或和喜歡的朋友聊聊天。注意力轉移之後，情緒也就慢慢地好轉了。

建議準媽媽在懷孕四個月之後，可以做些瑜伽之類的運動，有時間多散步，除非醫生建議休息，大多數的準媽媽是可以工作的，只是不可過於勞累。

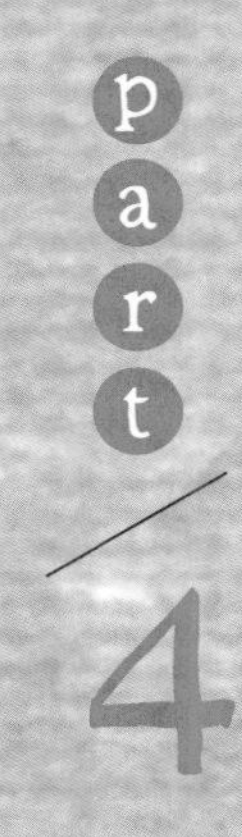

part 4 懷孕七至十個月的安胎需知

懷孕七至十個月，準媽媽和胎兒都有更進一步的變化，準媽媽的腹部變得更大了，準媽媽更要細心照護自己，平衡身與心，繼續為孕育一個健康寶貝而努力。

懷孕七個月，主養「手太陰脈」

在傳統醫學中，「手太陰脈」指肺經。懷孕七個月時，孕婦的諸多反應與需求都與肺經有關，所以這個月養胎要注重肺經的滋養。

徐之才認為：「始受水精以成其骨，勞身搖肢，毋使定止，動作屈伸，以運血氣，居處必燥，飲食避寒，食稻粱以密腠理，是謂養骨而堅齒。是月手太陰脈養胎，不可針灸其經。屬肺主皮毛。此時兒皮毛已成，毋多言哭，毋洗浴，毋薄衣，毋飲冷。」根據這段理論，結合歷代醫家觀點，在懷孕七個月時，準媽媽需要注意以下事項：

起居規律宜靜，勿過冷過熱

懷孕七個月，肺經所養，《皇帝內經》上說肺為「相傅之官」，主氣，這裡的氣，不是呼吸的氣，而是身體內部的營衛之氣，也就是「元氣」。中醫認為，寅時為肺經所養，在每天凌晨三點到五點的時候，身體內的氣血衝擊肺經，懷孕七個月的準媽媽此時一定要睡眠品質良好，如果準媽媽每到凌晨三、四點就睡不著覺或怕冷、怕熱，多為肺部功能出現了問題，應進行調理。

在起居方面，準媽媽要注意衣著寬鬆，如果穿著太緊，可能會造成子宮收縮，不但會影響胎兒的活動，還可能會造成胎動不安。洗澡不可太勤，頻繁的洗澡，熱水會使全身毛孔開合，肺氣被調動，一旦次數頻繁，就會影響肺氣調度元氣的功能，而影響胎兒和準媽媽的健康。

還要注意保暖，不要讓小腹著涼，否則同樣可能造成子宮收縮。那些孕後期要在炎炎酷暑中度過的準媽媽有時為了涼快會開空調，但是要注意空調的溫度不可以太低，不要開著空調睡覺，以免感冒。溫度太低會使肺經受損生病，母病則子病，母親的肺經受損，胎兒的肺經也會受影響。

懷孕七個月，準媽媽和胎兒都有更進一步的變化，準媽媽的腹部變得更大，有一部分準媽媽已經出現了妊娠紋，下肢浮腫，有時還會出現腿部抽筋的現象。懷孕六個月時，胎兒已經完成筋的發育，進入懷孕七個月，胎兒在母親的體內開始了規律性的運動，並且已經可以完成一些簡單的肢體動作，慢慢轉動身體，以四肢伸屈運化氣血，準媽媽會感受到胎動。這時準媽媽要提供胎兒一個更好的環境，最好能居住在乾燥的地方，以免濕邪入侵。

在這一時期，準媽媽可以適當的外出，讓身體內的氣血流動，外出時盡可能避免

長時間的舟車勞頓，尤其不要在顛簸的路面行駛，否則不止會讓準媽媽感覺不適，還可能導致胎兒情緒不安，影響情智和大腦的發育。

保持好情緒，不可悲傷哭泣

人的情緒都會對身體的五臟六腑有所影響，《黃帝內經》中說：「怒傷肝、喜傷心、思傷脾、憂傷肺、恐傷腎。」過於激烈的情緒活動必然會損傷身體內氣血的正常運行。

懷孕七個月，肺經主養，最容易造成肺經受損的，就是悲傷的情緒。人在悲傷的時候會哭泣，哭泣時，人的呼吸也會隨之變化，有時還會「為之氣結」，從而影響肺部對身體元氣的運化分配。

在懷孕期間，準媽媽的氣血和胎兒共用，悲傷哭泣對肺有損傷，而在懷孕七個月，正是胎兒肺經發育的關鍵時期，肺，主皮毛，準媽媽經常悲傷，會影響胎兒皮膚的發育，皮膚又被稱為人體的第二腦，發育不好也會影響到胎兒的腦部。所以，懷孕七個月時，準媽媽不宜悲傷，更不要因悲傷而哭泣。為了胎兒的健康，即便遇到什麼困難或難過的事情，也要好好保養身體，想辦法轉移注意力，切勿悲傷。

多吃滋養與健腦食品，勿喝冷飲

懷孕七個月主養肺經，不宜食用易傷肺的冷飲冷食，即使是在夏季，也應該選擇常溫食物。

這個月是胎兒皮毛和大腦的發育時期，要多食用滋養胎兒皮膚和大腦的食物。白色食物可以讓準媽媽和胎兒的皮膚變得光滑細緻，如山藥、百合、雪梨等，而核桃、百合、芝麻的食物有益於胎兒的大腦發育。主食方面，準媽媽要多吃米麵，不可食用燥熱或寒冷的食物，在滋補肺經的同時，還要注意滋補肝腎，以迎接隨後的生產。

在這一階段，有些準媽媽會出現皮膚癢、乾燥的情況，這是肺熱的症狀，肺熱造成水分不足，就會在皮膚上表現出

來，如果準媽媽遇到這種情況，最好的辦法就是喝綠豆湯，綠豆味甘性涼，可清熱解毒，清暑益氣、止渴利尿，補充水分，但是在秋冬天的時候不能多喝，以免寒涼入侵。

懷孕八個月，主養「手陽明脈」

在傳統醫學中，「手陽明脈」指大腸經。所以，懷孕八個月時，孕婦的諸多反應與需求都與大腸經有關。這個月養胎要注重大腸經的滋養。

徐之才認為：「始受土精以成膚革，和心靜息，無使氣極，是謂密腠理而光澤顏色。是月手陽明脈養胎，不可針灸其經。屬大腸，主九竅。此時兒九竅皆成，毋食燥物，毋輒失食，毋忍大便。」

根據這段理論，結合歷代醫家觀點，在懷孕八個月時，準媽媽需要注意以下事項：

平心靜氣，適應大肚子的種種不適

這一時期，胎兒生長發育的速度依然很快，準媽媽的肚子變得更大，必然會給準

Q&A百寶箱

懷孕七個月，食「三寶」

懷孕七個月是胎兒大腦、皮毛的發育期，所以應該適當食用一些補腦、益皮毛的食物。在中醫理論上，有三種食物最常見，並且對健腦、養血、益皮毛有較好的作用。

◆**核桃**：性平、溫，味甘，可潤肌，黑鬚髮，開胃，補氣養血，溫肺潤腸，益命門，利三焦，可以讓胎兒和準媽媽變得健壯。

◆**花生**：性平，味甘，入脾、肺經，可和胃化痰，壯筋骨，補五臟，理氣和血。將花生和紅棗搭配煎服，還可以補益脾血，安胎止血。

◆**芝麻**：味甘、性平，入肝、腎、肺、脾經。可補血明目、益肝養髮、強身體，抗衰老。《神農本草經》中說，芝麻能「傷中虛羸，補五內、益氣力、長肌肉、填精益髓。」歷代醫家都將芝麻視作延年益壽的補品，加之能滋補五臟，可以作為準媽媽孕期常備食品。

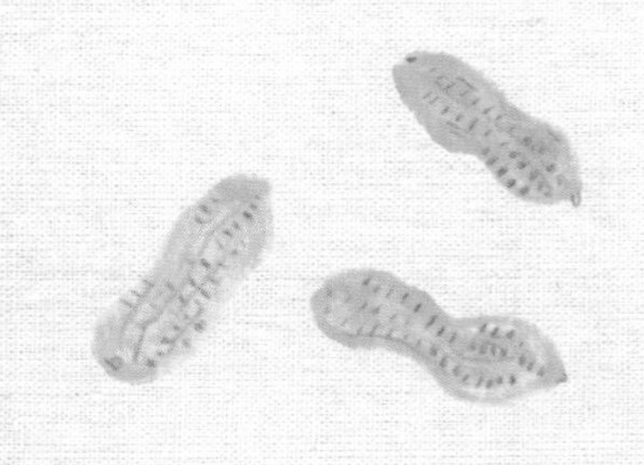

媽媽的身體帶來很多不適，例如行走變得不便，有的準媽媽還出現全身浮腫的情況。對於胎兒來說，這一時期的皮膚已經小有所成，變得光滑有韌性。此時準媽媽應當「平心靜息，無使氣極」，胎兒將來才能擁有好皮膚。

懷孕八個月，胎兒增長越來越大，準媽媽身體內的各種臟器也被擠成一團，所以很容易引起各種不適，這些不適大多可以在產後完全消失，準媽媽不需要太過擔心。

懷孕腰痛

懷孕八個月，隨著胎兒的漸漸長大，準媽媽的肚子也越來越大並行動不便，而且稍一行動便易出現腰痠背痛的情況。儘管如此，準媽媽還是要盡量保持適當運動，以能夠順利地生產。覺得累了，可以休息一下，但是適當的散步還是應當繼續。

身上冒出風疙瘩

懷孕八個月時，有些準媽媽會出現氣血不足的情況，這對準媽媽和胎兒的健康都會產生影響，如果孕期出現膚色變青、發暗、長斑，頭髮乾枯、發黃、變白、分叉等情況，就是氣血不足的表徵。這時準媽媽還可能會因血虛而出風疙瘩，讓準媽媽渾身癢，這時只需找中醫開一些調理的藥就能解決問題，無須太過擔心。

子宮持續變大而壓迫腸道活動空間，便很可能導致便祕，稍有不慎就有可能導致痔瘡的發生。所以，一定要注意從飲食和運動上進行預防，保持適當的運動，不吃辛辣油膩的食物。

胃部灼熱

在懷孕期間，脾胃的功能都會受到影響，初期會噁心、嘔吐、脹氣，後期則可能會出現胃部灼燒的感覺。引發胃部灼燒感的原因是，子宮增大之後造成的胃部壓力俱增，進而引起胃部的酸性物質逆流，於是準媽媽會感受到胃灼燒。緩解這種情況的方法很簡單，只需少食多餐，減少對胃部的刺激即可。

飲食注重營養，避免胎兒過大

徐之才說：「八月之時，兒九竅皆成。無食燥物，無輒失食，無忍大起。」這一時期，胎兒的五官都已經持續發育完成，準媽媽應當少吃燥熱之物，按時進食，少吃多餐，注意營養的全面性，不可食用太多的補品，以免胎兒將來長得太大，影響生產。

如果經過檢查之後，發覺準媽媽和胎兒的體重增長過快，就應該稍微控制一下飲食。另外，為了胎兒五官更加清秀，孕媽媽應該忌食腥膻之物。

在這一時期，中醫理論認為，應主養大腸經，準媽媽們的排泄系統將受到考驗。準媽媽，在一時期的飲食上宜選擇清淡助消化的食物，譬如西瓜、冬瓜、蘿蔔等利尿食物，或南瓜、玉米、燕麥、芹菜等粗纖維食物，這樣有利排泄，避免便祕的發生。

本月應該注意的是，在食物的選擇上，適當傾向於對大腸經的養護。

主食類

- 蕎麥：味甘，性平、寒，可充實腸胃，增長氣力，除五臟之穢。
- 玉米：味甘、性平，可益肺寧心，健脾開胃，健腦，養脾和胃，滋補氣血。
- 黃豆：味甘，性平，可健脾利濕，補虛養血，可緩解脾虛氣弱、貧血、營養不良、水腫、小便不利等症。
- 豆腐：味甘，性寒，無毒，可寬中益氣、調脾和胃、清熱散血、消除脹滿、通大腸濁氣。

蔬菜類

- **白菜**：味甘，性平，歸腸、胃經，可益胃生津、解渴利尿、清熱除煩。《本草綱目拾遺》稱之「甘渴無毒，利腸胃，利大小便」。
- **空心菜**：味甘、淡，性涼，可清熱解毒，利尿，止血。
- **芹菜**：性涼，味甘辛，可清熱利濕，平肝健胃，清熱除煩，利水消腫，涼血止血。但芹菜性涼質滑，不適合脾胃虛寒，腸滑不固者食用。
- **萵苣**：性涼，味甘苦，可通乳汁，消水腫，益精力。《食療本草》中說萵苣可以「補筋骨，利五臟，開胸服童氣，通經脈，止脾氣，令人齒白，聰明少睡，可常食之。」
- **竹筍**：性微寒，味甘，可清熱利水，對風熱或肺熱咳嗽有效，可促消化，《綱目拾遺》中說竹筍可以「利九竅，通血脈，化痰涎，消食脹」。
- **馬鈴薯**：性平，味甘，可健脾補氣，但發芽的馬鈴薯不可食用。
- **冬瓜**：性涼，味甘淡，歸肺、大腸、小腸、膀胱經，可消痰利水、清熱解毒。
- **茄子**：性涼，味甘，可活血清熱、寬腸通便，但是成熟的茄子和秋茄子均不宜食用，《本草求真》中說：「茄味甘氣寒，質滑而利，服則多有動氣，生瘡，損目，腹痛，泄瀉之虞，孕婦食之，尤見其害。」

瓜果類

- **柿**：味甘澀，性寒，入心、肺、大腸經。可清熱潤肺、化痰止咳，主治燥熱咳嗽、腸道燥熱或痔瘡出血。
- **楊梅**：性溫，味甘酸，可生津止渴、和胃消食、止痢疾。
- **桃**：性熱，味甘酸，可生津解渴、充饑潤肺。
- **蘋果**：性涼，味甘，可潤肺生津止渴、健胃消食、止瀉順氣。
- **檸檬**：性微溫，味甘酸，可生津止渴、祛暑安胎、開胃消食，《食物考》中說檸檬「孕婦宜食，能安胎。」

懷孕九個月，主養「足少陰脈」

在傳統醫學中，「足少陰脈」指腎經，所以，懷孕九個月，孕婦的諸多反應與需求都與腎經有關，這個月養胎就要注重對腎經的滋養。

徐之才認為：「始受石精以成皮毛，六腑百節，莫不畢備，飲醴食甘，緩帶自持而待之，是謂養毛髮，致才力。是月足少陰脈養胎，不可針灸其經。屬腎，主續縷。此時兒脈絡續縷皆成，毋處濕冷，無著炙衣。」

根據這段理論，結合歷代醫家觀點，在懷孕九個月時，準媽媽需要注意以下事項：

衣著寬鬆，運動適宜，放鬆心態

懷孕九個月，即將臨產，胎兒在母體內已經形態具備，皮膚的生長已經完備，是毛髮生長的關鍵期。準媽媽的肚子也更突出，行動更不便，不斷增大的子宮壓迫準媽媽身體內的多個臟器，造成母體的各種不適，尿頻、腰痠背痛的情況時有發生。懷孕九個月應該適量增加運動強度，為生產做好準備。

面對生育時間的一天天臨近，許多準媽媽心中焦慮又擔心，一方面要忍受身體上的煎熬，另一方面還要擔心胎兒健康。其實，準媽媽完全沒必要擔心這些，因為預產期到來之時，身體定然會出現一系列反應，屆時再收拾行李去醫院便可。如果因思慮過重影響情智健康，那就太得不償失了。

懷孕九個月主養腎經，所以要好好調理腎經，在中醫養生理論中，腎經屬水，對應亥時，也就是晚上九點至十一點這段時間，為了更有效的滋補腎經，準媽媽要盡可能地在九點以前結束一切工作，好好休息。

懷孕九個月是胎兒快速長肉的時期，準媽媽此時應該時刻關注胎兒的發育情況，可以借助現代醫療器械檢查胎兒的發育情況，如果胎兒較大，準媽媽就應該注意控制飲食，適當增加運動，避免造成胎兒巨大、難以生產。

這一時期，準媽媽小腹突出，惹人注目，很多媽媽為了美觀或別的因素，刻意進行遮掩，穿上緊身衣物，這樣會給胎兒的生長帶來不好的影響，嚴重者可能會引起早產。所以，為了寶寶的健康，準媽媽應該暫時放棄形象，穿寬鬆一點的衣物，以保證胎兒的健康發育。

飲食滋補肝腎，多食黑色食物

懷孕九個月是胎兒毛髮發育的關鍵期，在中醫理論中，有「髮為腎之華，髮為血之餘」的說法，腎主黑色，頭髮是否黑且有光澤，與腎有著密切的關係。

除了腎之外，肝的養護也很重要，頭髮的生長速度與肝臟有密切的關係，如果肝功能夠強，生血能力就強，為血之餘的頭髮發育就會很迅速。所以，懷孕九個月除了養腎之外，還不可忽視對肝的滋補。

在中醫理論中，黑色入腎，所以補腎就要多吃黑色食物，下面一些黑色的食物適合懷孕九個月的準媽媽食用，可以在飲食上稍加注意。

黑米

性平，味甘，可健脾養肝、益氣補血，古代醫書中稱其可以「滋陰補腎，健身暖胃，明目活血」具有較高的營養價值，最適合孕婦、產婦補血之用。現代醫學也認為，黑米可以補充人體所需要的蛋白質和多種營養元素。

黑棗

性溫，味甘，可補腎養胃，又名君遷子，是傳統最為實用的補腎食品，但脾胃虛寒者不宜食用。

黑豆

味甘，性平，歸脾、腎經，可利水解毒、活血明目、補腎益陰。

黑芝麻

味甘，性平。歸肝、腎、大腸經，可滋補肝腎，養護精血，潤腸通便。

黑木耳

性平，味甘，入腎、脾、胃、大腸經，可滋養脾胃、補氣健體、補血止血。

板栗

性溫，味甘，《千金方》稱板栗為腎之果，可健脾養胃、補腎強腰身適合成年人和老人食用。

其實，補腎並不應該僅僅持續在懷孕期間，腎功能的強大也是保持年輕健康的重要祕訣。

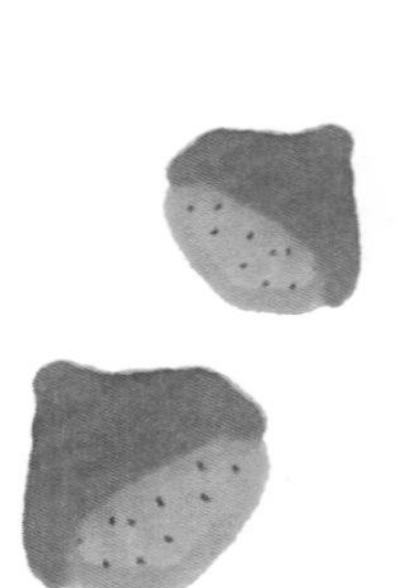

懷孕十個月，主養「足太陽脈」

在傳統醫學中，「足少陽脈」指膀胱經，在懷孕的最後一個月，準媽媽的諸多反應與需求都與膀胱經有關，這個月養胎就要注重膀胱經的滋養。徐之才認為，十月之時，胎兒「五臟俱備，六腑齊通，納天地氣于丹田，故使關節人神皆備，只俟時而生。是月足太陽脈養胎，不可針灸其經。屬膀胱。宜服滑胎藥。」根據這段理論，結合歷代醫家觀點，在懷孕十個月之時，準媽媽需要注意以下事項：

保持午睡的好習慣，多曬太陽

懷孕十個月，經歷了漫長的等待期，準媽媽盼望已久的時刻終於快要到來，心情自然是焦灼而期待的。

懷孕十個月之時，準媽媽肚大如鑼，十分辛苦，活動十分不便，然而為了生產時更順利，準媽媽在這最後時刻仍應適度的運動。生產時體力至關重要，準媽媽每天早晨或傍晚時，在空氣較好的地方散散步，一方面可以儲備體力，另一方面也可防止胎兒過重，產出巨嬰。

懷孕十個月，為膀胱經所養，膀胱經主排毒，是所有人體經脈中最長的一條，人

體內的很多毒素都要經由膀胱經排泄出去。膀胱經對應的是申時，也就是下午三、四點的時候。

此時人的身體為膀胱經所養，膀胱經運行正常，毒素得以排出，人就會神采奕奕、頭腦清楚。《黃帝內經・素問》中說：「膀胱者，州都之官，津液藏焉，氣化則能出矣。」

膀胱經與腎經相通，其排毒功能靠氣化實現，為氣化提供動力的，是來自腎經的精氣蒸騰，腎氣不足會影響膀胱經排毒的功能，人就會出現精神不振、尿頻等症狀。所以在滋養膀胱經時，也不能忽視對腎經的滋養。

如果準媽媽感到體內毒素較多，需要排毒，膀胱經運行情況不太理想，可以適當地曬曬太陽。膀胱經的大部分穴位分布在背部，所以曬太陽時要多曬背部，尤其是在冬天時，曬背部可以增強人體的抵抗力，並對腎經的運行發揮促進作用。

為了保證三、四點鐘的膀胱經運行更加得力，準媽媽最好養成午睡的習慣，這對緩解疲勞、運化氣血都有很大的益處。

不宜多食補氣藥材，飲食以利產滋補膀胱為要

懷孕期間，準媽媽都要注意滋補氣血，然而，到了懷孕十個月時，就不宜再食用太多補氣的食材、藥材，如人參、黨參、白朮、山藥等，因為不確定臨產究竟會在什麼時候，如果食用過多補氣的食材、藥材，可能會造成氣血橫行。一旦生產，則氣血不可抑制，可能會出現出血過多的現象，雖然現代醫學發達，不太會造成生命危險，但是人體賴氣血以生，氣血損耗過多，必然會導致產褥期氣血虛弱，延緩產後恢復的速度。

懷孕十個月，為膀胱經所養，準媽媽可以適當食用一些利於膀胱經的食材，如白菜、冬瓜、黃豆芽、紅豆等。

黃豆芽

黃豆芽性涼，味甘，入脾、大腸經，可清熱利濕、消腫除痺、潤澤肌膚、防便祕。

紅豆

紅豆性平，味甘、酸，入心、小腸經，《本草再新》中稱其可「清熱和血，利水通經，寬腸理氣。」除此之外，紅豆還有產後催乳之效。

冬瓜

冬瓜性微寒，味甘淡，可清熱解毒、消煩除渴、利水化痰、祛濕解暑。

西瓜

西瓜性寒，味甘，可消煩除渴、寬中下氣，利尿解暑，但準媽媽不可多食，因其有傷脾助濕之害。

莧菜

莧菜性涼，味甘，可清熱明目、利大小腸，《飲食須知》中說：「妊婦食之滑胎，臨月食之易產。」準媽媽臨產前食用，有利於生產。

準媽媽的因時擇食之道

在本書中，我們介紹了很多孕期飲食方面的知識，包括如何滋補各個器官、在不同的月份應該怎麼吃等等，這些理論具有相當廣泛的應用性。然而，在實際生活中，準媽媽還應該注意飲食應該因人、因時而異。

體質不同，飲食不應盲目

準媽媽在備孕時，如果進行過一定的調理，的確可以讓體質有所改善，趨向平和，但是大部分體質是不可能徹底改變。

所以，每個人體質的差別以及生活習慣等的諸多不同，決定了在飲食上有不同的要求。也許有的準媽媽吃桂圓可以保養身體，但是有些準媽媽吃桂圓就可能會引起胎動不安，凡事都不是絕對的，每種食物都有其兩面性，準媽媽在選擇食物時，需要根據自身情況進行，「寒者溫之、熱者涼之、虛者補之、實者瀉之」，不要盲目。

季節不同，飲食應當因時擇食

「因時擇食」的概念，包括兩種意思，一種是指在懷孕的不同月份，需要及時調整飲食重心，另一是指在不同的季節裡飲食也應有所不同。在中醫傳統理論中，自然界的變化和人是息息相關的，「人與天地相應，與日月相參」。一年之中，當分成五季：春、夏、長夏、秋、冬，以對應金、木、水、火、土五行和酸、苦、甘、辛、鹹五味，按照五行理念進行養生，便可以達到人與自然的和諧統一，人就可以趨利避邪，健康無憂。

關於不同月份的飲食重心，前面已經有過論述，接下來要說的，就是在不同季節的飲食側重點。

關於因時擇食，元代忽思慧在其《飲膳正要》中有過這樣的一段論述：「春氣溫，宜食麥以涼之；夏氣熱，宜食菽以寒之；秋氣燥，宜食麻以潤其燥；冬氣寒，宜食黍以熱性治其寒。」

這種因食擇時的理論，適用於大多數人，當然也包括孕婦。我們都知道，在不同的季節，就會有不同的氣候，人的身體若不能及時適應，就會導致疾病，譬如春天時，人易患上流感、夏天時人容易患腸道消化疾病。所以，在飲食上注意因時擇食是必要的。

春屬木，風、春天、肝、酸皆歸於木，在這個季節，春風吹來，萬物生發，身體內的陽氣也蒸騰起來。此時最適宜養肝，在飲食上要注意食用一些能夠助陽之物，雖然酸屬木，但是肝旺會克制脾，應選擇中和之道。

所以「當春之時，食味宜減酸益甘，以養脾氣，飲酒不可過多，米麵團餅不可多食，致傷脾胃，難以消化。」酸澀油膩的食物不應多吃。具體說來，春季的飲食上，要注意以下原則：

- 少食酸澀油膩的食物，以免損傷脾胃。
- 可適量食用一些助陽的食物，如韭菜、蔥、芫荽等。
- 可適量食用一些新鮮的蔬菜，如春筍、菠菜、芹菜等，以養肝護脾胃。

夏

夏屬火，暑熱、夏天、心、苦皆歸於火，在這個季節裡，酷熱多雨，很容易造成暑濕之氣入侵人體。此季節最適宜養心，在飲食上要注意避免冰冷之物。《姬身集》中記載：「夏季心旺腎衰，雖大熱不宜吃冷淘冰雪、蜜冰、涼粉、冷粥」，以免造成身體內寒邪入侵，引發腸胃疾病，或導致腎臟功能受損。

苦屬火，心火太旺則傷肺，所以在這個季節應該少吃點苦，以減少對肺的損傷。具體說來，夏季的飲食上，要注意以下原則：

- 不可食用太過冷飲冷食，以免損傷脾胃腎臟。
- 不可食用肥膩辛甘燥烈之物，如肥肉、油炸食品等，以免加重脾胃負擔。
- 可以適量食用甘酸清潤之物，如綠豆、烏梅等，以保證身體內津液充足。

長夏

長夏指夏季最後一個月份，屬土，濕、長夏、脾、甘味歸為土，自古以來，關於長夏的分歧一直存在，現代中醫學界普遍認為長夏的區分是為了與五行、五臟配伍的需要，所以在實際應用的時候，參考夏季飲食即可。

秋

秋屬金，乾燥、秋天、肺、辛皆歸於金，在這個季節裡，氣候涼爽乾燥，所以在飲食上就要以防燥為要。此時最易養肺，在飲食上應該「晨起食粥，推陳致新，利膈養胃，生津液，令人一日清爽，所補不小。」早上喝粥可以滋補腸胃，清咽潤肺。而肝肺相剋，肺氣盛則傷肝，所以要少食辛辣之物。可以吃一些芝麻、蜂蜜之類養護肝臟的食物，以避免損傷肝臟。具體說來，秋季的飲食上，要注意以下原則：

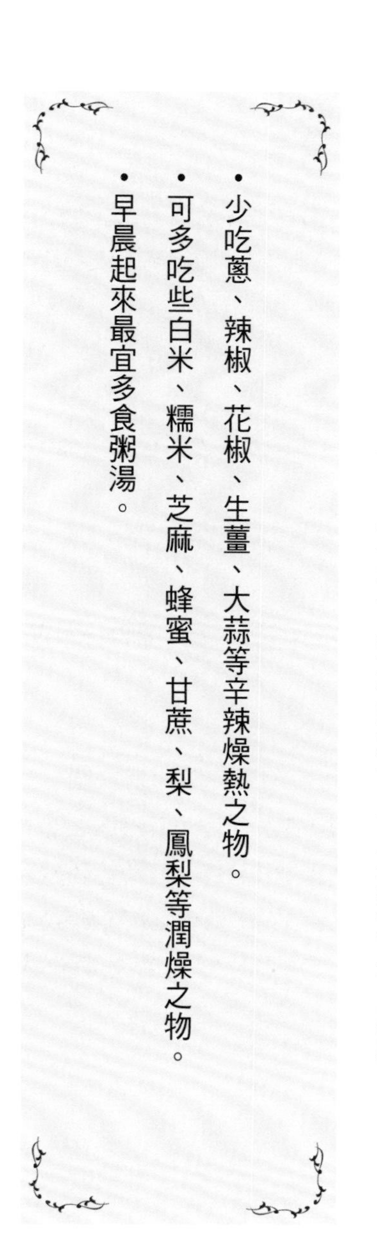

- 少吃蔥、辣椒、花椒、生薑、大蒜等辛辣燥熱之物。
- 可多吃些白米、糯米、芝麻、蜂蜜、甘蔗、梨、鳳梨等潤燥之物。
- 早晨起來最宜多食粥湯。

冬

冬屬水，寒冷、冬天、腎、鹹皆歸為水，在這個季節裡，氣候寒冷，所以在飲食上最適宜食用熱食以溫補身體，但是燥熱之物卻不宜太多，此時最宜養腎，但腎剋心，所以應避免過鹹之物，以避免心臟受損。

冬季要盡可能不食冷涼生硬之物，以避免傷害脾胃。具體說來，冬季的飲食上要注意以下原則：

- 多食用胡蘿蔔、油菜、菠菜、豆芽等溫和滋補之物。
- 少吃苦瓜等苦難瀉火之物，如有需要，可吃白蘿蔔去火。
- 飯菜的口味適當濃重一些，含有一定的脂類。

懷孕後期身體異常，以食補藥療齊保胎

懷孕早期的三個月和懷孕後期的三個月是準媽媽最辛苦的時候，也是最容易發生異常的時候，尤其是在懷孕後期時，準媽媽的身體負擔加重，很容易出現異常和各種疾患。

所以，懷孕後期尤其需要注意飲食及行為作息。不過，即便真的出現了疾患異常，準媽媽們也不要心煩畏懼，只要對症調理，基本都是可以恢復健康且不傷害胎兒的。

Q&A百寶箱

懷孕後期出現流產徵兆，該怎麼辦？

中醫認為，懷孕最容易發生自然流產的時間是三、五、七月，此三個月為奇數，屬陽，最易導致流產，準媽媽在這三個月時應格外小心。

造成流產的原因有很多，但最忌諱的是不明原因就盲目調理或用藥，尤其是有些初次懷孕的準媽媽，發覺有流產徵兆時驚慌失措，病急亂投醫，這是非常錯誤的做法。

辨明氣虛還是血虛，抑或氣血兩虛，確認後再進行調理

氣血虧損是導致流產先兆的一個重要原因，因氣虛會導致難以收攝，血虛則造成胎兒失陽。在臨床上，也應該根據各自情況採取不同的施治方法，氣虛補氣，血虛補血，以防不測。

所以，我們提倡備孕前先調理身體是很有必要的，不過，即便是在懷孕後因氣血不足引起胎動不安等症，只要對症診治，也大多可以康復，不會影響胎兒的健康。

Q&A百寶箱

懷孕後期出現流產徵兆，該怎麼辦？

根據懷孕月份來保胎

中醫認為，在不同的月份，由不同的經脈主養胎兒，這一點，前文中已經提過。例如，在懷孕七個月的時候出現流產先兆，大抵是肺經出現問題，此時應該著重肺經的調理。

不過，需要注意的是，腎經主生殖，從孕前、懷孕早期到孕中後期，對腎經的調理應該是一直持續進行的。那些即便沒有出現流產跡象的準媽媽，也應該防範於未然，逐月養胎。

注意行為舉止，防止意外發生

很多準媽媽懷孕之後，馬上成為家人的呵護對象，人也立刻嬌氣起來，一點不順心就發脾氣，動輒還抑鬱煩惱，這些壞情緒也是導致先兆流產的原因。除此之外，因腹部碰撞或伸腰、提舉重物、運動過量，也同樣有可能導致流產徵兆。所以，準媽媽在懷孕後期凡事都要慎重，學會疏導情緒，不要過度勞累。

出現流產先兆時，準媽媽要立刻去專業醫師處諮詢，在醫師的指導下合理用藥，並以飲食調理，滋補氣血，多多休息，避免勞累或外傷，最關鍵的是，舒緩自己的情緒，勿驚恐，勿悲哀，勿惱怒，勿思慮過重。

懷孕期感冒要對症施治，安全最重要

無論是食材還是藥材，都有自己的特性，食用超過限度，難免會影響到胎兒。但是因噎廢食並不是正確的態度，只要控制得宜、辯證施治，就可以在不影響胎兒的前提下治癒疾患。

最理想的情況還是準媽媽愛惜自己的身體，不要讓疾病上身。不過，感冒、發燒之類的常見疾患，是大多數準媽媽不可避免的。孕期感冒、咳嗽或發燒，適當對症下藥或進行食療，在保證胎兒健康的前提下，大多可以治癒。

疾患類別	辯證施治	食療方一	食療方二
感冒	**發熱型感冒**：上呼吸道感染，略微發燒，治療應以清熱為主。	**冰糖雪梨茶**：雪梨洗淨，連皮一起切小塊，再放入冰糖，加2碗水煮至1碗，即可連雪梨一同盛出食用。（生津止渴，潤肺止咳）	黃芩15公克，加水兩碗，煎至1碗，早上飲服頭湯，晚上加水再煮1次飲用，3至5天可基本痊癒。（黃芩可清熱瀉火、安胎）
	風寒型感冒：鼻塞噴嚏、咳嗽頭痛、畏寒低熱、苔薄發白，治療應以驅寒氣為要。	**薑蔥飲**：薑片20公克，3公分長帶鬚蔥頭2段，加2碗水煮沸，小火煮至1碗即可將汁液倒出，加適量紅糖飲用，每日一次。（發散和中，解表風寒）	蘿蔔100公克，切片放入鍋中，加2碗水煮至1碗，再加少許糖，即可連蘿蔔1同盛出食用。（清熱生津，澤胎養血）

懷孕咳嗽	**陰虛肺燥型咳嗽：**咳無痰或痰中帶血、口乾咽燥、舌質紅、舌苔少，手腳心發熱。治療應以潤肺養陰、安胎止咳為要。	**花生紅棗粥：**花生仁50公克、紅棗50公克，以水浸泡2小時，然後倒入鍋中加水2碗煮至1碗，再加入蜂蜜攪勻，即可盛出食用。（花生可滋燥潤火）	**柿霜粥：**將白米50公克加水煮製成粥，然後將一個柿餅切小塊放入其中，攪勻稍煮，即可盛出食用。（柿霜入肺，能益肺氣、清肺熱、利肺痰、滋肺燥。）
	痰火犯肺型咳嗽：咳痰不止，痰質黃稠，舌質紅，舌苔黃，臉色泛紅，口發乾。	**松仁粥：**松仁50公克製熟之後壓碎，與白米50公克一同加入鍋中。鍋中加2碗水，放入松仁、白米和適量蜂蜜煮製成粥，即可盛出食用。（補虛養血，潤肺滑腸。）	白蘿蔔、生荸薺各60公克，放入榨汁機中打成汁，燉熱服下即可。（清熱生津，止咳化痰。）
便祕	連續48小時未排便，大便燥結，嚴重者還會引發痔瘡。如果便祕情況比較嚴重，應該在醫師的指導下用藥，不可擅自使用瀉藥，以免子宮收縮，引起早產。	**黑芝麻粥：**將黑芝麻20公克、白米50公克淘洗乾淨，放入鍋中加水煮製成粥，即可盛出食用。（黑芝麻粥適合身體虛弱的準媽媽食用。）	**無花果粥：**將無花果30公克、白米50公克淘洗乾淨，放入鍋中加水煮製成粥，即可盛出食用。（無花果粥對有痔瘡或便祕的準媽媽緩解症狀頗有幫助。）

孕期禁用的中藥

孕期為了確保母子平安健康，無論中藥還是西藥，都有很多禁用的品種。尤其要注意的是，在懷孕的前三個月，應盡可能地遠離所有藥物，即便真有必要，也應該在詳細諮詢過醫師後，再做服藥決定。

類別	藥品名	性味及忌用之因
破血藥	桃仁	活血袪瘀，有可能導致流產，孕婦慎用。
	牛膝	逐瘀通經，引血下行，使受孕子宮強力收縮，引發流產。
	乾漆	通經活脈，破淤殺蟲，孕婦不宜。
	茜根	性寒，味苦，通經止痛，涼血化瘀止血，服之可能會引發流產。
	丹皮	味辛、苦，性涼，可清熱涼血、活血散瘀，對安胎不利。
	瞿麥	性寒，味苦，刺激子宮。
	三棱	性平，味苦，可袪瘀通經、行氣消積，不利於安胎。
	紅花	性溫，味辛，可活血化瘀、刺激子宮，易致胎兒發育不良甚至引起流產。
	蘇木	味甘、鹹，性微寒，可袪瘀通經，致流產後果比紅花更甚。

類別	藥品名	性味及忌用之因
吐下滑利藥	巴豆	可經由刺激腸道，反射性引起子宮強烈收縮，導致流產、早產。
	牽牛子	性寒，味苦，有毒。可瀉下逐水、殺蟲攻積。
	冬葵子	味甘，性寒，是甘寒滑利之物，可能導致流產。
	厚樸	性溫，味苦、辛，行氣消積，孕婦慎用。
	肉桂	性味燥熱，多食可能會影響胎兒的皮膚發育，造成胎動不安。
辛溫燥熱藥	乾薑	性熱，味辛，可能會造成胎動不安。
	烏頭	味辛，性熱，有毒，孕婦忌用。
毒草藥	天雄	味辛、甘，性溫，有大毒，有墮胎之功。
	附子	味辛，性大熱，有大毒，孕婦忌用。
	羊躑躅	味辛，性溫，有大毒，孕婦忌用。
	天南星	味苦，性溫，有毒，孕婦慎用。
	大戟	味苦、辛，性寒，有毒，可瀉水逐飲、消腫散結，孕婦忌服。
	半夏	味辛，性溫，有毒，有墮胎之效。

除了上面所列出的常用中藥之外，還有枳實、蒲黃、麝香、當歸、大黃、芒硝、商陸、芫花、甘遂、斑蝥、一枝蒿、蜈蚣、朱砂、雄黃等藥材也不適宜在孕期使用。

Q&A百寶箱

《幼幼集成》所提之造成難產的七種原因

過於安逸

女性懷胎，胎兒以氣血所養護，適當的勞作可以讓渾身的氣血流動起來，胎兒也可以隨之進行活動，如果準媽媽經常坐著或躺著，活動極少，就會造成氣血流動不暢，胎兒活動不足，就很容易造成難產。

吃得太多、太豐盛

胎兒的胖瘦取決於母親的飲食，母親吃得太多、太豐盛，會導致胎兒過於肥胖，也就難以順利生產。

房事不禁

古時候，女性懷孕之後便會搬到別處，與丈夫分居兩處，因為孕期最應該避免的就是房事。胎兒在母親的體內全靠氣血所養護，行房事難免會血氣翻騰，滋擾胎兒生長。如果房事是在懷孕後三個月內，則極容易造成胎動不安甚至小產，三個月之後行房，也很可能會造成胞衣（包於胎兒體表的一層膜）太濃，進而對生產不利。另一方面，孕期行房很容易造成胎元漏洩，所以，為了有良好的下一代，準爸媽也不宜在此時行房事。

Q&A百寶箱

《幼幼集成》所提之造成難產的七種原因

憂愁膽怯

現在的人都渴望有孩子，但是對於孕後怎麼養胎、護胎卻並不太瞭解，如果聽到胎兒情況有所變化，就會憂愁膽怯，生產就更加困難了。

怯懦或血虛

年紀太小的女性，「極少經人事，神氣怯弱，子戶未舒，腰曲不伸」，所以很容易導致難產；若生產過多，則氣血損耗過多，生產的時候也比較艱難。

倉皇無措

初產婦如果遇到蠢笨的助產婦不諳接生之道，見產婦腹痛，便一味令其用力，結果導致生產困難，母子皆有性命之虞。

虛弱困乏

孕婦臨產的時候，在子宮頸尚未開全之時便用力，待到胎兒即將娩出之時，孕婦氣力卻已用盡，結果導致無力分娩。

part 5

從待產到分娩，身&心齊呵護

經過十個月的漫長等待，媽媽就要和小寶寶見面了，在分娩的過程裡，為了寶寶和自己的身體健康，一定要保持愉悅、平和的心情，不怕疼痛，迎接寶寶順利出生，而且做好月子，才能養出好身體。

按部就班，自然產、剖腹不可亂

十月懷胎，一朝分娩。辛辛苦苦十個月過去，準媽媽對於小寶寶的出世充滿了期待與歡喜。然而，也有不少準媽媽在臨產之際，心中充滿了焦慮與恐懼感。那些曾經在孕期遭遇過異常或不瞭解分娩過程的準媽媽，心情會異常緊張，擔心生產不順利，或不知正確的分娩方式，而錯用了精神和力氣。

為了避免這些情況，準媽媽應該先瞭解一些生產知識，對自己和寶寶充滿信心，盡量放鬆心態，密切注意自己身體的變化，隨時做好生產的準備，發現異常情況立即就醫。

瞭解分娩時間與徵兆，做好萬全準備

在這裡需要對一個概念進行說明，我們所說的十月懷胎，並非西曆上的三十或三十一天為一個月，而是以四週為一個月。也就是說，從最後一次月經的第一天算起，經過四十週，也就是兩百八十天，就是寶寶降臨的日子。

當然，不同的情況也會產生不同的結果，並非所有的媽媽都會在懷孕四十週時誕生寶寶，只要在懷孕三十七週至四十二週之間，都屬於正常範圍，過早則為早產，過

晚則為過期懷孕，都要借助醫療方法處理。

關於臨產的徵兆，《醫學入門》中這樣說道：「臨產切不可慌忙，十月氣足，胎元壯健者，忽然腹痛，或只腰痛，須臾產下，何俟於催？此易生天然之妙喜，服單益母膏，免產後之患。中間有體弱性急者，腹痛或作或止，名弄痛；漿水淋瀝來少，名試水。」

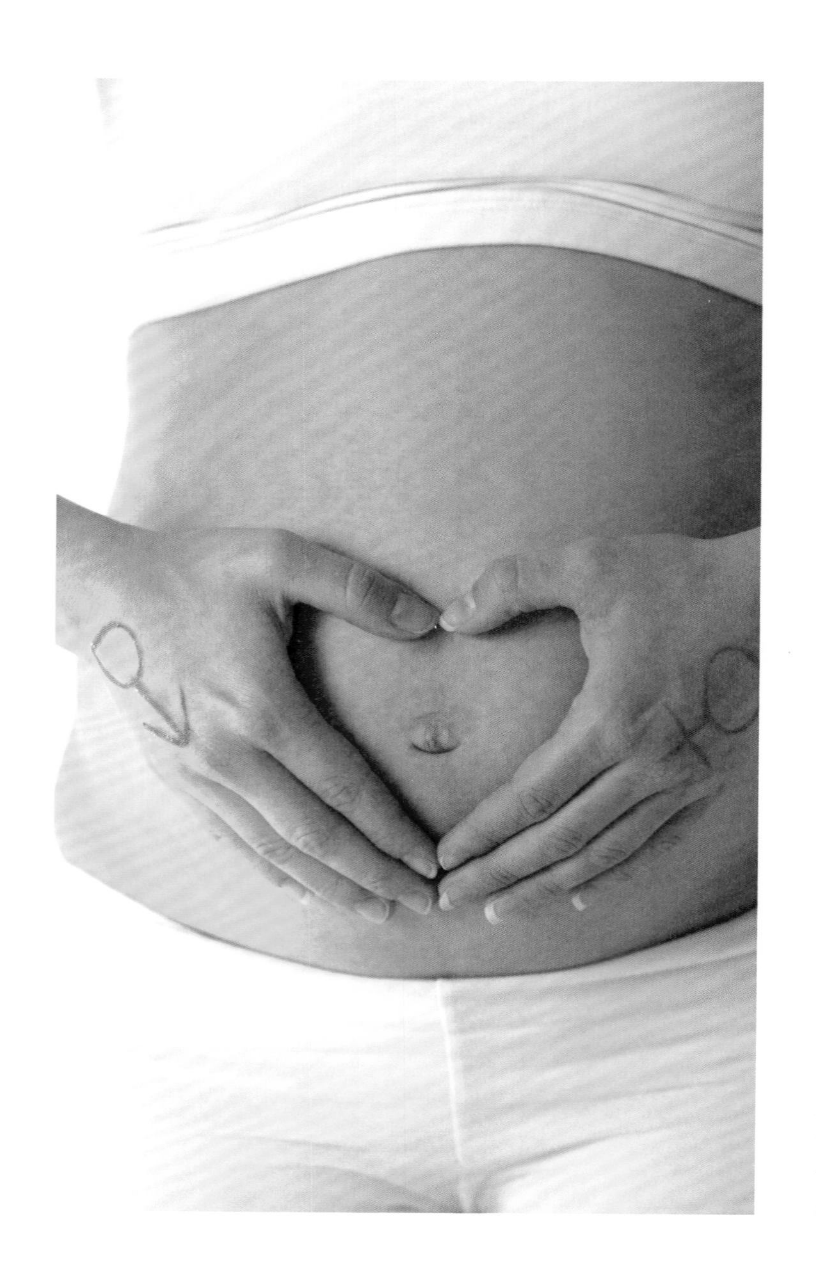

在臨產前一個月左右，胎兒位置下降，上腹部輕鬆許多，但是排尿的次數增加了，這是因為子宮底下降。在分娩前大約幾天，準媽媽會感覺腹部變硬且有墜脹感覺，並漸漸出現腰部或腹部疼痛，疼痛的感覺一陣一陣的，這就是陣痛。當陣痛疼痛間隔的時間越來越短、持續的時間越來越長時，就意味快要分娩了，應該立即去醫院待產。

在分娩前一到兩天，陰道分泌物突然增加，有血性分泌物出現，中醫稱之為「見紅」，見紅之後應該立刻就醫，讓醫生判斷是否可以住院待產。

見紅和子宮收縮是生產時刻到來的重要象徵，在進產房之前，準媽媽切記不可用力，更不要大喊大叫，盡可能休息或經由看電視轉移疼痛的注意力，為即將到來的分娩儲備力氣。

根據自身情況選擇自然產還是剖腹

自然產是大多數準媽媽都應該選擇的分娩方式，只要胎兒胎頭向下、個頭不是太大、準媽媽骨盆腔夠大，就應該選擇自然產。雖然自然產會讓準媽媽辛苦一些，要忍痛。但是這種生產方式對胎兒和準媽媽來說，都是很有益處的。

胎兒在子宮中時，呼吸系統裡有一些黏液和羊水，經過產道的擠壓，這些黏液和羊水就會被擠出來，不容易像剖腹產出生的孩子那樣，剛剛出生就出現新生兒肺炎之類的疾患。

自然產的孩子大多呼吸系統發育比較好，將來的情智也更健康，這是因為肺部和神經系統經歷產道擠壓時，已經經過了鍛鍊和考驗。

對準媽媽來說，自然產也可以更快地排除惡露，初奶和身體復原的速度更快。當然，自然產也會對陰道造成一定的傷害，在產後一段時間會影響房事的品質。如果遭遇難產，需要轉為剖腹產的時候，還會造成雙重傷害。當然，這些都不應該成為準媽媽選擇剖腹產的原因，權衡利弊，在條件許可的情況下，準媽媽還是應該選擇自然產。

在一些特殊情況下，譬如胎位不正、胎盤異常、準媽媽骨盆狹小、產道異常等，就應該選擇剖腹產。剖腹產可以縮短產程，讓準媽媽免受陣痛之苦，但是其缺點也是不容小覷的。

對準媽媽來說，剖腹產產後的恢復慢，出血量大，尤其是在肚子上橫切的傷口，肯定會損傷經脈的貫通，對人體氣血運行生化會造成不利影響，尤其是對那些元氣不足的準媽媽來說，傷害可能是一生都難以緩解的。

對於胎兒，因沒經受過產道擠壓按摩，羊水和黏液有相當一部分不能被徹底排出，可能會引起新生兒肺炎等疾患。即便寶寶健健康康，未來呼吸系統和精神疾病發生的機率也比自然產寶寶高出不少。

所以，如果準媽媽身體各種條件都很完備，僅僅因可以免受陣痛之苦而選擇剖腹產，絕非明智之選。

Q&A百寶箱

產後排便不順怎麼辦？

生產過程中，產婦大量失血，很容易造成陰虛火旺、津液虧損等，加上產後活動減少，多以臥床休息為主，飲食多滋補，便容易出現產後便祕的情況。

產後便祕是一件很痛苦的事情，準媽媽生產過後會陰撕裂，不敢用力，而且即便用力，也可能會導致肛裂或痔瘡。提供幾種食療方及運動緩解便祕。

麻油蜂蜜水

開水250毫升，加麻油1小匙、蜂蜜25公克，攪拌均勻飲用。

松仁膏

松仁250公克，煮熟之後壓碎。鍋中加1碗水，燒開，放入松仁和少量白糖同煮至糊狀，即可盛出，每天食用2小匙，不但可緩解便祕，還可以補腎益氣、養血潤腸。

提肛運動

1.站立，全身放鬆。
2.用力夾緊大腿和臀部，用力吸氣，同時用力收提肛門，如忍便意狀，屏息5秒，然後放鬆。每天3次，每次可做提肛運動20至80下，依次累加。

勿心慌驚怕，放鬆喜悅迎新生兒

臨產對於準媽媽來說，無疑是整個孕期中的第一緊要之事。這時最關鍵的就是放鬆心態，謹遵醫囑。《產科心法》中說：「大凡婦人生子，乃天然造化，皆自然之理，不必心慌驚怕，切勿性急坐草，總宜忍痛，為第一要訣。」

隨著痛感的增強和間隔時間的縮短，很多準媽媽都會有剖腹的念頭，陣痛的確很令人難受，但是只要準媽媽下定決心，是完全可以忍耐的，準媽媽要對痛感有一定的認識，並告訴自己，每痛一次，就意味著離孩子出生又近一步。

明代李梴所著的《醫學入門》一書中說：「須待兒頭直順且正，逼近產門，方可用力一送。」待到產生大便意念卻又拉不出來的時候，就是生產的時刻到了。送進產房之後，再根據醫生的吩咐，適當的時候用力，只需片刻，胎兒就可以順利出生了。

滋補氣血，養出好身體

分娩之後，大多氣血虧虛、筋骨虛弱，很容易遭受風寒的侵襲，所以一定要好好休養，才能恢復健康。在中醫傳統文化裡，坐月子是孕婦休養的主要方式，媽媽應該在產褥期好好休養，補氣養血，養護出好身體、好體質。

把握中醫養生原則，選好選對食物

以食補快速恢復健康與好身材，並吃出好體質，這恐怕是所有媽媽的共同心願，其實，實現這個心願很簡單，只要把握好幾個飲食原則，並選對適合自己的食物，健康美麗一點都不難。

- 在飲食中加入紅糖。因紅糖生乳止痛，可促進惡露的儘快排出，但是不宜飲用過多，不可超過十天，否則可能會引起血性惡露。
- 產後一週應以流食為主，少吃多餐。生產之後的脾胃功能非常虛弱，這時候應該盡可能減少消化系統的負擔，可慢慢加入稀飯、饅頭之類的食物。
- 不食生冷、乾硬、油膩、辛辣燥熱食物。大多數的媽媽在生產過程中耗盡體力，體質也偏虛寒，所以選擇食物時應以溫補為要，不可食用冷食、涼菜，更不能喝冷飲。食用水果的時候，也要用熱水稍溫之後才可食用。乾硬、油膩的食物會加重消化系統負擔，不宜食用，而像大蒜、花椒、胡椒、茴香之類的燥熱調味品也應該少吃。

不同體質的調理方法

體質類型	調理食物	調理藥材	禁忌
陽虛外寒體質	黑豆、芝麻、核桃、栗子、荔枝、薑、韭菜等溫熱食物。	鹿茸、冬蟲夏草、巴戟、杜仲、仙茅、肉桂。	忌食冰鎮飲品、寒涼藥物和食材。
陰虛內熱體質	木耳、銀耳、絲瓜、蓮子、芝麻、梨、椰子汁等潤燥滋陰食物。	天門冬、麥門冬、石斛、沙參、百合、玉竹、雪蛤。	忌食燒烤油炸類食物，少食辛辣，盡量不吃韭菜、桂圓、荔枝、瓜子等熱性食物。
氣虛無力體質	桂圓、紅棗、糯米、豌豆、小米、南瓜、葡萄、山藥。	黃耆、西洋參、人參、白朮、黃精。	忌食損耗腎氣的食物，如蕎麥、柚子、蘿蔔、柑橘、空心菜等。
痰濕困脾體質	紫菜、荸薺、黃豆、紅豆、薏仁、鳳梨等利水食物。	蒼術、茯苓、白朮、玉米鬚、車前子。	枇杷、紅棗、李子、柿子、苦瓜等甜膩寒涼的食物要少吃。

小米粥

功效

補氣強身。

材料

小米100公克、紅糖2小匙

作法

1.將小米洗淨倒入鍋中，加水800毫升煮製成粥。

2.將紅糖加入粥中，攪勻，盛出即可食用。

龍眼粥

功效

益氣養血、及補足生產後的虛弱體力。

材料

龍眼100公克、白米50公克、紅棗50公克、紅糖1大匙

作法

1.龍眼剝去外皮、去核；紅棗切兩半。

2.將龍眼肉、紅棗和白米一同放入鍋中，加500毫升水，煮製成粥。

3.將紅糖加入粥中，攪勻，盛出即可食用。

Q&A百寶箱

產後惡露不止怎麼辦？

所謂惡露，就是在胎盤排出前和排除後流出的液體。惡露的主要成分是子宮脱膜和血液，大多數惡露在產後三個星期之內即可排乾淨，不需要進行治療。

如果做完月子惡露依然不絕，需要依情況診治，對症下藥。關於惡露不止的原因，《胎產心法》裡這樣描述：「由於產時傷其經血，虛損不足，不能收攝，或惡血不盡，則好血難安，相並而下，日久不止。」一般情況下，造成惡露不止的原因無外乎三種：

氣虛

惡露逾期不止、質薄色淡紅、無臭味，臉色蒼白，舌淡。這種情況多是因分娩過程中損耗過多氣血，或坐月子期間休養不夠，由此造成脾傷神倦、氣虛下陷、沖任失固、難以攝血。

人參茯苓生薑粥

・**材料：**薑5公克、白茯苓20公克、人參末5公克、白米100公克

・**作法：**

1.薑、白茯苓切碎末，以乾淨濾布擠出汁液。

2.以白米加300毫升水煮製成粥，將人參末、薑汁和茯苓汁倒入鍋中攪勻稍煮，一日兩次食用。

・**出處：**《保健藥膳》。

Q&A百寶箱

產後惡露不止怎麼辦？

血熱

惡露逾期不止、質黏稠色紫紅、偶見血塊，臉色潮紅，手腳心發熱，舌苔少舌質紅。這種情況多是因產後陰虛內熱，或食過多燥熱之物，或外感熱邪、內鬱化熱所引起，熱擾沖任致使血行不止。

◆生地黃粥

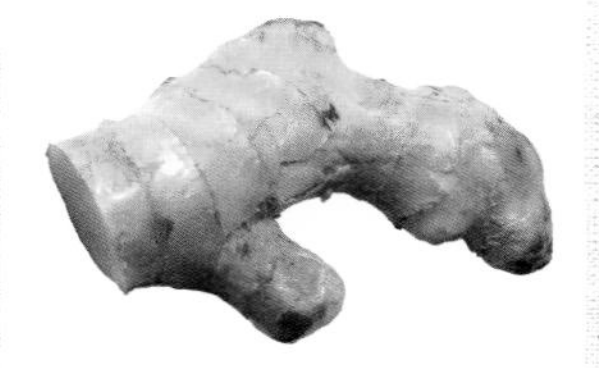

・**材料：**生地黃60公克、白米60公克、生薑2片

・**作法：**

1.生地黃切碎末，以乾淨濾布擠出汁液。

2.以白米、生地黃汁和薑片放入鍋中，加水煮製成粥，即可盛出食用。

・**出處：**《藥粥療法》引《二入亭群芳譜》。

血瘀

惡露淋漓不盡，量較少，色澤暗紫偶見血塊，小腹按壓有痛感，舌質暗，舌周有瘀點。這種情況多是因產後寒邪入侵，或為七情所傷所引起，血因氣滯，新血難安、難以歸經。

乳汁不足，吃對食物就搞定

分娩完成之後，泌乳便成了緊隨其後的一個問題，大部分的媽媽可以在分娩之後兩到三天之內分泌出乳汁，寶寶可以吃到媽媽營養豐富的初乳。然而，有相當比例的媽媽卻出現了泌乳困難或乳汁不足的問題。其中，有的媽媽經過調理可以緩解，但是有的媽媽可能整個哺乳期內都會存在這些問題。

造成乳汁不足或泌乳困難的原因，大多為產後氣血失調、營養不良、疲勞過度、睡眠不足、精神抑鬱等。很多媽媽因為開始泌乳不順利而放棄母乳餵養，這種做法是很不明智的。且不說母乳易吸收、溫度適宜、餵養方便、更適合寶寶食用等特點，單單是奶粉問題頻出這一點就值得媽媽努力為孩子爭取最好的食糧。

其實，解決泌乳困難或乳汁不足並不是很困難的事情，透過良好的情志調節，加上合理的飲食，媽媽完全可以分泌出足夠的乳汁供寶寶食用。

多多休息，保持精神愉悅

產後氣血大傷，媽媽必須臥床休息，不可過度勞累，要保證睡眠充足。照顧寶寶的任務可以交給家人。家人也應多多關懷媽媽，令其心情愉悅，出現泌乳困難或乳汁不足時也不要抱怨，否則會給媽媽造成更大的心理負擔，進一步阻礙乳汁的分泌。

另外，分泌乳汁還要靠小寶寶的努力。生產完之後，媽媽要立刻把小寶寶抱到身邊來，讓小寶寶吸吮乳頭，早吃早出奶，有時只需要一、兩天，乳汁就會出來了。

催乳食材

金針

金針利濕熱，止血下乳。

茭白筍

茭白筍性冷，味甘，可解熱毒、利尿利便，有催乳功效。

芝麻

芝麻，滋補肝腎，益精養血，對婦人奶水不足、病後虛弱有幫助之功。

花生

花生，滋補脾胃，潤肺止咳，可用於產後催乳。

萵苣

萵苣，性味，苦寒，有通乳功效。

通草

通草，性微寒，味甘，歸肺、胃經，可清勢利水、通乳，對水腫及乳汁不下有效。

冬葵子

冬葵子，性寒，味甘，滑利，可利水通淋、潤腸通便、下乳。《本草別錄》稱其可治「婦人乳內閉、腫痛」。

王不留行

王不留行，性平，味苦，歸肝、胃經。《本草綱目》稱其為「通血脈，下乳汁之神品」。

紅豆

味甘、酸，性平，歸心、小腸經，可利水消腫、解毒排膿、通乳下胎。

催乳中藥

木通

味苦，性寒，歸心、小腸、膀胱經，可利水通淋、泄熱下乳。

漏蘆

漏蘆，性寒，味苦，可清熱解毒、消癰腫、下乳汁。

桔梗

桔梗，性平，味苦、辛，歸肺經，可宣肺排膿、利咽祛痰，《聖濟總錄》中說：「桔梗湯治產後乳汁不下，方以桔梗為君藥。」

桑寄生

桑寄生，性平，味苦甘，歸肝、腎經，可補肝腎、強筋骨，利產後下乳。

花生粥

功效

醒脾開胃，理氣通乳。

材料

生花生50公克、白米50公克

作法

1.花生無需剝去紅色外膜，放入器皿中搗爛；白米洗淨。

2.將白米、花生一同放入鍋中，加300毫升水煮製成粥，即可盛出食用。

紅豆粥

功效

利水消腫，健脾去濕，利於下乳。

材料

紅豆30公克，白米50公克

作法

1.紅豆入熱水浸泡兩小時，白米洗淨。

2.將紅豆、白米一同放入鍋中，加300毫升水煮製成粥，即可盛出食用。

荷葉小米粥

功效

行氣通乳，清熱通經。

材料

乾荷葉10公克，小米50公克

作法

1.乾荷葉用布包好，小米洗淨。

2.將洗好的小米和乾荷葉包一起放入鍋中，加300毫升水煮製成粥，即可盛出食用。

黑芝麻粥

功效

滋養肝腎，養血潤燥，利於下乳。

材料

黑芝麻30公克，白米50公克

作法

1.黑芝麻放入器皿中搗爛；白米洗淨。

2.將黑芝麻和小米一起放入鍋中，加300毫升水煮製成粥，即可盛出食用。

Q&A百寶箱

患哺乳期乳腺炎怎麼辦？

哺乳期乳腺炎，中醫稱之為「外吹乳癰」，又稱奶瘡，多發生於產褥期，尤其是初產婦，更容易患上哺乳期乳腺炎。

《諸病源候論・妬乳候》中說：「此由新產後，兒未能飲之，及飲不泄，或斷兒乳，撚其乳汁不盡，皆令乳汁蓄積，與氣血相搏，即壯熱大渴引飲，牢強掣痛，手不得近也……」哺乳期乳腺炎的發病時間多在產後二至四週，有時也會發生於哺乳後期，導致該疾病的原因是乳汁滯留、乳腺管阻塞、嬰兒吸吮時損傷乳頭等，表徵為乳房紅腫、疼痛、乳汁排不出來，甚至乳房內有化膿現象，伴隨的症狀還有發熱、頭痛、畏冷等。

若治療不及時不但會影響哺乳，還可能會導致潰爛流膿。所以，若患上乳癰，一定要及時治療。

造成哺乳期乳腺炎的幾種原因

◆肝鬱氣滯

很多媽媽分娩之後因為種種的不適應或外來壓力導致鬱悶、憤怒、悲傷等，由此造成情志內傷，令肝氣難以疏泄。而在中醫理論中，乳頭屬肝經，肝主疏泄，乳汁分泌也受肝經的控制，而肝氣難以疏泄，就會造成乳汁滯留結塊，進而發熱，甚至漸漸化膿。

Q&A百寶箱

患哺乳期乳腺炎怎麼辦？

◆胃熱壅滯

媽媽在產後飲食應該以清淡為主，但是有些準媽媽在飲食上卻違背了這個原則，大量食用肥膩甘厚之味，結果導致胃熱壅滯，氣血凝滯，而乳汁是由氣血生化而成，自然隨之凝滯，進而導致乳癰。

◆乳汁淤滯、乳頭凹陷或破損

媽媽泌乳不能及時被嬰兒吸食乾淨導致乳房內乳汁積存，進而導致乳汁在體內繼續腐敗，形成了乳癰；有些媽媽乳頭畸形或在哺乳的時候被嬰兒吸吮導致破損，進而引發乳頭部位或整個乳房感染，導致乳癰。

飲食緩解調理方法

· 勿食辛辣刺激之物，如辣椒、花椒、咖哩等。
· 勿食油膩生冷之物，如油條、冷飲、西瓜等。
· 勿食生髮之物，如白酒。
· 可於飲食中增加新鮮蔬果，
　飲食以清淡粥湯為主。

綠豆海帶湯

功效

涼血散瘀，清熱解毒，可緩解早期乳癰。

材料

綠豆100公克、海帶30公克、紅糖3小匙

作法

1.將綠豆提前2小時以熱水浸泡；海帶入水浸泡，洗淨，切小段。
2.將泡好的綠豆、切好的海帶一同倒入鍋中，加600毫升水，大火燒開後轉小火燉煮，至綠豆煮至爛熟時即可關火盛出。

三豆粥

功效

綠豆清熱解毒，紅豆散血消腫，黑豆解毒除煩，甘草可調和諸藥、解癰瘡腫痛。

材料

綠豆10公克、紅豆10公克、黑豆10公克、甘草（生）5公克

作法

1.綠豆、紅豆、黑豆和甘草分別洗淨。
2.將綠豆、紅豆、黑豆和甘草放入鍋中，加500毫升水，煮至豆爛湯濃時，即可熄火盛出食用。

蒲公英粥

功效

《本草綱目》認為蒲公英可清熱解毒、消腫散結，可催乳，亦可治療乳癰。

材料

鮮蒲公英50公克、白米50公克

作法

1.將蒲公英洗淨，切碎末；白米洗淨。

2.將蒲公英用紗布包裹，放入鍋中，加500毫升水，再倒入白米同煮。

3.待白米熟爛，即可拿出紗布，盛出食用。

起居運動有講究，健康美麗輕易來

媽媽分娩之後，身體十分虛弱，毛孔疏鬆，體質虛寒，需要養血補氣，認真調理。

中醫認為，坐月子是女子改善體質的最好時機，即便是那些在分娩前身體質素很差的女子，只要認真調理，也可以在月子期間如獲新生，更加健康。

有很多年輕人經常把中國人和外國人的產褥期進行比較，認為坐月子是一種迂腐、不開化的行為，外國人分娩一周就可以出門逛街，但是中國人則必須老實地待在家裡坐月子。其實，這是由體質決定的，中國人的體質必須要經由坐月子這種方式讓身體盡快恢復。切不可一味追求洋化，以免為自己將來的健康埋下隱患。

注意保暖，避免風、寒、濕、邪入侵

媽媽經過辛苦的生產過程之後，氣血大傷，身體很虛弱，稍不慎就可能導致寒邪入侵，所以一定要注意起居環境的保暖。

在坐月子期間，不可哭泣，更不可讀書、玩電腦，即便真有需要，也要注意控制時間，每天閱讀或看電腦的時間不宜超過半小時。

坐月子期間，即便是在夏天，也應穿上長衣、長褲和襪子，室內溫度以攝氏二十六至二十八度為宜，室內外溫差不要太大。無論是冷風還是熱風，都不應該讓風口對著新手媽媽。

如果媽媽要臥床休息，尤其要注意保暖工作，切忌風、寒、濕、邪的入侵。

好好休息，適當清潔

產後稍有勞累，都可能會導致疾病，而月子病的治療又是很困難的，所以一定要好好休息，產後三天之內需臥床休息。

起床僅限上廁所和進食，待體力和精神漸漸恢復之後，才可慢慢增加運動量。最好不要洗頭洗澡，覺得髒了可以薑片煮水，稍涼之後以毛巾擦洗。

如果非要洗澡，洗澡時需注意控制洗澡的時間和環境的溫度，最好繼續用溫熱的薑水擦洗，清洗會陰的時候，一定要保證水是煮沸過的，以免造成會陰感染。洗完澡之後，要立刻以乾毛巾擦乾頭髮與身體，千萬不可使身體受涼。

還需注意的是，在月子期間切不可行房事。

保證睡眠，調整情緒

媽媽產後身體虛弱，需要充足的睡眠，這時爸爸和其他親友應該主動擔負起照顧寶寶和媽媽的任務，讓媽媽好好睡覺休養。在媽媽出現抑鬱、煩悶等情緒時，及時予以疏導。媽媽自己也要好好調整心態，保持心情愉快，才能更快地恢復身體。

情緒愉快的媽媽才能更快地分泌出乳汁，寶寶才能更快樂健康地成長。

運動適宜，美麗自然來

讓很多媽媽倍感苦惱的是，生產過後，曾經的小蠻腰並沒有隨著寶寶的出世而復原，腹部反倒成了脂肪的聚集地，原本光滑細緻的小腹遍布妊娠紋，還有鬆軟的贅肉聚集其上，令人苦惱不已。其實，只要運動適宜，完全可以在保證健康的前提下盡快恢復身材，趕走討厭的脂肪與贅肉。

恢復運動，可以在產後兩、三天開始，但是在前後十天之內，最好只做一些散步之類的輕鬆活動，使氣血舒暢起來，避免贅肉聚集。

運動要注意一個適量的原則，要一點一點增加運動量，不可貪急冒進，否則得不償失。在運動之前，首先要排淨膀胱中的尿液。選擇的運動方式可以有以下幾種：

散步

散步，自然產的媽媽可以從產後第三天開始，剖腹產的媽媽可從產後第七天開始，每天早晚各散步五分鐘，之後慢慢增加。舒緩不致勞累，行氣活血。

太極拳

產後十天左右可練太極拳，太極拳運動舒緩，可愉悅身心，舒筋活絡，補腎壯筋骨，也不會導致身體損傷。

美胸運動

產後第七天可以開始美胸運動，方法很簡單，仰臥床上，兩手臂伸直張開與肩相平，然後雙手臂伸直上舉，反覆十次即可。

美腿運動

產後第七天可以開始美腿運動。仰臥床上，右腿伸直抬起，使之與身體呈九十度，停三秒鐘，放下，換左腿，如此交替三次。

腰腹運動

產後半個月可以開始腰腹運動。媽媽仰臥床上，雙手臂部支撐起脊背、腰、臀、大腿，吸氣，向左擺腰，呼氣向右擺腰，左右擺動，連續數圈，每天三次。

注意不可在飯後立即運動，不可使手臂、脖頸發痠。腰腹運動要根據個人的體質，有些媽媽生產時年紀稍大，恢復得慢，如果開始得早，可能會引起子宮脫垂等問題，尤需注意。

中西醫縮陰祕方改善陰道鬆弛

陰道鬆弛普遍存在於有過房事的女性身上，在自然產的媽媽身上更加明顯。胎兒的頭部平均為十公分左右，而大多數女性的陰道直徑不超過三公分，在生產的時候，陰道急劇擴展至十公分，使陰道內肌肉受傷，彈性大大降低，便出現陰道鬆弛的現象。

這種情況同樣存在於剖腹產的媽媽身上，因為即便胎兒沒有經陰道產出，但是生產的時候陰道受激素影響同樣會擴張，只是不及自然產的程度大。

陰道鬆弛是一件很尷尬的事情，不但房事受影響，還可能會導致陰道前後壁不能

緊密貼合，形成空腔。起身或房事時會發出如放屁一樣的聲音，也就是「陰吹」，除了陰吹，還可能會造成小便失禁，令人尷尬異常。

不過，即便是陰道鬆弛導致陰吹或小便失禁，媽媽也不要懊惱灰心，解決陰道鬆弛的方法有很多，以下就逐一講解：

陰道緊縮術

這是現在很多醫院都可以完成的一種縮陰手術，選擇在生理期結束之後的第一天進行，只需一次手術就可以完成，但是需要注意的是，縮陰手術有可能會造成感染，且術後需要服用抗生素，不適合哺乳期的媽媽採用。

縮陰運動

經由運動達到使陰道緊縮的目的，安全有效又簡單，無疑是最理想的方法。

方法一

仰臥床上，雙手自然平放於身體兩側，兩腿屈膝併攏，兩腳分開，抬起臀部並連續數次收縮陰道和肛門，然後臀部落下，全身放鬆，可從產後兩週開始鍛鍊。

方法二

小便時，不要一次將尿液排空，而是加以控制，一下一下的收縮陰部，分成幾次排泄，開始的時候可能不能控制尿液的排放，但是多加練習，不久就可以收放自如了，可從月子結束後開始鍛鍊。

方法三

仰臥或側臥於床上，縮緊陰道及肛門附近肌肉並吸氣，堅持兩秒鐘之後呼氣，再放鬆，如此十次，每天練習可增加陰道收縮能力，改善尿失禁和陰吹現象，同時也有助於傷口癒合，可從產後十天開始。

補中益氣湯

功效

補中益氣，滋補脾胃，因《金匱要略‧婦人雜病脈症並治》中說：「胃氣泄，陰吹而正喧」，導致陰吹的原因是因為胃氣疏泄，所以應以滋補脾胃入手。此方亦可緩解小便失禁之症。

材料

黃耆15公克、炙甘草15公克、柴胡12公克、黨參10公克、當歸10公克、白朮10公克、陳皮6公克、升麻6公克、生薑6片、紅棗6枚

作法

加500毫升水，將黃耆、黨參、炙甘草、柴胡、當歸、白朮、陳皮、升麻、生薑、紅棗放入水中，煮至約剩一碗水量，即可飲用。

百合雪梨湯

功效

滋生津液、養陰潤肺。《隨息居飲食譜》中稱：「百合甘平，或蒸或煮，而淡食之，專治虛火勞嗽，並補虛羸。」

材料

百合30公克、雪梨200公克、冰糖適量

作法

1.將百合入熱水浸泡兩小時；雪梨洗淨，帶皮切塊。

2.鍋中加500毫升水，將百合、冰糖和切好的雪梨塊一起倒入鍋中，煮至百合爛熟，即可盛出食用。

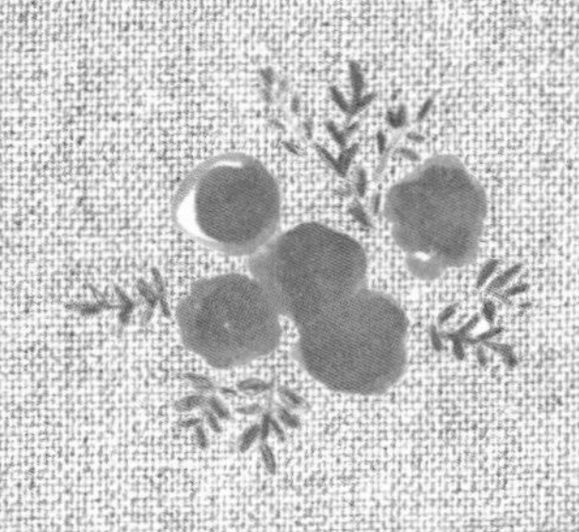

國家圖書館出版品預行編目資料

準媽咪必備的中醫助孕&養胎枕邊書 / 郝俊瑩著. -- 初版. -- 新北市：養沛文化館, 2013.11 面； 公分. -- (SMART LIVING養身健康觀；73)
ISBN 978-986-6247-83-5(平裝)

1.懷孕 2.飲食 3.婦女健康 4.中醫

429.12　　　　　102020892

【SMART LIVING 養身健康觀】73

準媽咪必備的中醫助孕 & 養胎枕邊書

作　　者／郝俊瑩
發 行 人／詹慶和
總 編 輯／蔡麗玲
執行編輯／林昱彤
編　　輯／蔡毓玲．劉蕙寧．詹凱雲．黃璟安．陳姿伶
執行美術／周盈汝
美術編輯／陳麗娜．李盈儀
出版者／養沛文化館
郵政劃撥帳號／18225950
戶名／雅書堂文化事業有限公司
地址／新北市板橋區板新路206號3樓
電子信箱／elegant.books@msa.hinet.net
電話／(02)8952-4078
傳真／(02)8952-4084

2013年11月初版一刷　定價 280 元

總經銷／朝日文化事業有限公司
進退貨地址／新北市中和區橋安街15巷1號7樓
電話／（02）2249-7714　傳真／（02）2249-8715
星馬地區總代理：諾文文化事業私人有限公司
新加坡／Novum Organum Publishing House (Pte) Ltd.
20 Old Toh Tuck Road, Singapore 597655.
TEL：65-6462-6141　FAX：65-6469-4043
馬來西亞／Novum Organum Publishing House (M) Sdn. Bhd.
No. 8, Jalan 7/118B, Desa Tun Razak, 56000 Kuala Lumpur, Malaysia
TEL：603-9179-6333　FAX：603-9179-6060